# Low Carb Vegan

Low Carb und Vegan perfekt miteinander verbinden. Die besten Rezepte für Ernährungsbewusste Menschen. Hauptgerichte, Salate, Pizza, Flammkuchen, Snacks, Desserts und kleine Gerichte. Inklusive Einführung in die vegane Ernährung.

Low Carb Pros

# Inhaltsverzeichnis

# Vorwort

Low Carb ist eine Ernährungsform, die heute jeder kennt. Was jedoch nur wenige Menschen wissen ist, dass sich innerhalb von Low Carb auch weitere Ernährungsformen angesiedelt haben. Neben den drei Bereichen der Low-Carb-Ernährung, die aus niedriger, mittlerer und moderaten Kohlenhydratzufuhr bestehen, gibt es auch Low Carb vegetarisch und Low Carb vegan.

Obwohl vegetarisch und vegan gerne miteinander in einen Topf geworfen werden, handelt es sich um zwei zwar verwandte, aber doch unterschiedliche Ernährungsformen. Für die Gesundheit hat Low Carb mit seinen integrierten Ernährungsformen viele Vorteile. Sicher, die Low-Carb-Ernährungsweise beinhaltet in der Regel viel Fleisch, Milch und Milchprodukte, Eier und Fisch. Diese Lebensmittel, insbesondere Fleisch, sind die Lebensmittel, welche als Ursache für eine Übersäuerung des Körpers angesehen werden.

Für die einen ist eine solche Ernährung aus gesundheitlichen, für die anderen aus ethischen Gründen nicht vertretbar. Dabei ist eine individuelle Gestaltung der Ernährung innerhalb von Low Carb denkbar einfach. Das gilt auch für Low Carb vegan.

Ihre Gesundheit liegt uns am Herzen! Wir haben deshalb recherchiert, ob vegan eine gesunde Ernährungsform ist und ob man diese auch mit Low Carb verbinden kann. Des Weiteren haben wir uns auch mit Frauen in der Schwangerschaft und während der Stillzeit beschäftigt und versucht, zu ermitteln, ob durch die vegane Ernährung die optimale Versorgung des Körpers gewährleistet ist.

Um Ihnen einen kleinen Einblick in die Ernährungsform Low Carb vegan zu geben, haben wir uns in die Welt der veganen Küche begeben, um für Sie Rezepte zu finden, die leicht zum Nachkochen und schmackhaft sind. Selbstverständlich sind unsere Rezepte Low Carb vegan; wir wünschen viel Spaß mit unserem Kochbuch.

# 1. Was ist Low Carb?

Low Carb ist eine kohlenhydratarme Ernährungsform. Es ist jedoch eine Tatsache, dass der Körper Kohlenhydrate braucht, um seine lebenswichtigen Funktionen aufrecht zu erhalten. Allerdings wird zwischen guten und schlechten Kohlenhydraten unterschieden. Auch der Low-Carb-Ernährungsplan beinhaltet Kohlenhydrate, jedoch nicht solche, die sich beispielsweise in Weißmehl oder Haushaltszucker befinden.

Bekannt wurde Low Carb durch die Diät nach Atkins; eine Diät, die sich als erfolgreich erwies und immer noch erweist. Allerdings ist es bei dieser Diät sehr zur Freude aller, die diese Diät durchführen, nicht mehr nötig, Kalorien zu zählen. Fakt ist, Kohlenhydrate, die der Körper nicht verwendet, werden in Fett umgewandelt und in körpereigenen Speichern gelagert. Diese Fettspeicher erkennt man daran, dass sie sich nach außen als Fettpölsterchen präsentieren. Im Gegensatz dazu scheidet ein gesunder Körper das Eiweiß, das überschüssig ist, über die Nieren aus.

Der Low-Carb-Speiseplan enthält wenig Brot, Nudeln, Backwaren, Kartoffeln und Süßigkeiten. Dennoch müssen Sie auch bei Low Carb nicht auf Brot und Nudeln verzichten, denn es gibt Rezepte für Low-Carb-Brot, das zwar auch aus Mehl besteht, jedoch aus Mandel-, Kokos- oder Leinsamenmehl. Diese Mehle verfügen über die sogenannten guten Kohlenhydrate.

Dennoch setzt der Ernährungsplan nach Low Carb auf Lebensmittel, die reich an Proteinen und gesunden Fetten sind sowie auf Salate und viel Gemüse. Wer sich Low Carb ernährt braucht keine Diät, denn die Pfunde schmelzen ganz von selbst. Grund dafür ist, dass es Zuckerersatzstoffe wie Erythrit, Kokosblütenzucker und andere gibt.

Kommen wir kurz zu den guten und schlechten Kohlenhydraten. Um diese zu unterscheiden, braucht man keine Tabellen und lange Berichte, denn eines ist sicher: Auch Kohlenhydrate sind umstritten. Wie alles lassen sich auch schlechte Kohlenhydrate in Kategorien aufteilen, und zwar in Zucker, Mehrfachzucker, unverdauliche Faserstoffe oder Ballaststoffe und Zuckeralkohole.

Doch aus Aufteilungen werden die wenigsten Menschen schlau; oft finden hier auch Wissenschaftler ihre Grenzen. Wir teilen dagegen wie folgt auf: Zu den guten Kohlenhydraten gehören alle vollwertigen oder komplexen Kohlenhydrate, zu den schlechten Kohlenhydraten gehören alle isolierten oder raffinierten Kohlenhydrate.

Gute Kohlenhydrate befinden sich in Getreide, Obst, Früchte, Gemüse wie Erbsen sowie auf Mehle aus Hirse, Leinsamen, Kokos, Mandeln und Nüssen sowie Saaten, Pseudogetreide wie beispielsweise Quinoa, Vollkorngetreide, Süßkartoffeln und Kartoffeln.

Schlechte Kohlenhydrate sind in Auszugsmehlen (Weißmehle) Zucker, poliertem Reis, allen Getränken, die viel Zucker enthalten wie Cola, Softdrinks sowie Süßigkeiten inklusive Eiscreme, süßen Backwaren und Kartoffelprodukten, die eine umfangreiche Verarbeitung hinter sich haben, wie Kartoffelpuffer.

Lebensmittel, die man bei Low Carb bedenkenlos verwenden kann, sind Mehle aus Mandeln, Chiasamen, Kokos, Leinsamen sowie Proteinpulver, Tempeh, Tofu, Rohkakao. Auch Erdnussbutter, Sojaprodukte wie Sojamilch, Sojajoghurt und natürlich Gemüse wie Blumenkohl, Brokkoli, Spinat, Tomaten, Gurken, Zucchini sowie alle Beeren und Mungosprossen darf der Low-Carb-Speiseplan enthalten.

Vorsicht geboten ist bei einigen Obstsorten wie Äpfeln, Ananas, Bananen, Feigen, Trauben, Grapefruit sowie bei Sirup und Süßigkeiten. Diese Lebensmittel enthalten große Mengen an Kohlenhydraten, können jedoch in den Low-Carb-Speiseplan eingebaut werden.

# 2. Low Carb, eingeteilt in drei Bereiche

Wie alle Ernährungsformen und andere Dinge wird auch die Low-Carb-Ernährungsform in drei Bereiche eingeteilt. Diese sind:

1. **Low Carb mit niedriger Kohlenhydratzufuhr**

   In diesem Bereich besteht der Ernährungsplan aus Gerichten, die dem Körper täglich zwischen 20 und 50 Gramm Kohlenhydrate zuführen. Durch diese niedrige Kohlenhydratzufuhr erreicht man, dass der Glukosespeicher im Körper geleert wird. Dies ist üblicherweise nach ein bis drei Tagen der Fall. Sobald der Körper keine Kohlenhydrate zur Verfügung hat, holt er sich seine Energie aus den Fettdepots.

2. **Low Carb mit mittlerer Kohlenhydratzufuhr**

   In diesem Bereich erhält der Körper täglich Kohlenhydrate zwischen 50 und 100 Gramm. Diese Menge reicht ebenfalls aus, um Körpergewicht abzubauen, allerdings etwas langsamer als bei der bei Punkt 1 beschriebenen Menge an Kohlenhydraten.

3. **Low Carb mit moderater Kohlenhydratzufuhr**

   Hier erhält der Körper täglich zwischen 100 und 150 Gramm Kohlenhydrate. Dadurch kommt keine Ketose zustande; für eine Diät ist die moderate Zufuhr von Kohlenhydraten zu hoch angesetzt. Dieser Bereich eignet sich, um sein Körpergewicht zu halten.

Welchen Bereich Sie bevorzugen, hängt damit zusammen, ob Sie Körpergewicht schnell oder moderat abbauen wollen oder mit Ihrem aktuellen Gewicht zufrieden sind und dieses halten wollen.

# 3. Unterschiede zwischen vegetarisch und vegan

Die Menschen hören oder lesen einen Begriff und schon werfen sie alle Informationen in einen Topf. Dies ist insbesondere bei vegetarischer und veganer Ernährung der Fall; zwei Ernährungsweisen, die sich zwar ähneln, aber doch so unterschiedlich sind. Wir wollen hier kurz beide Ernährungsformen erklären.

Vegetarisch

Vegetarier essen hauptsächlich pflanzliche Kost, doch sind in ihrem Ernährungsplan auch einige tierische Produkte, wie Milch, Quark, Käse, Eier, Joghurt und Honig enthalten. Auf Fleisch verzichten Vegetarier meistens, doch nicht immer ganz. Auch hier gibt es Unterschiede, wie Sie gleich sehen werden.

1. **Lakto-Vegetarier**

   Diese Gruppe hat auf ihrem Ernährungsplan auch tierische Produkte wie Milchprodukte, jedoch weder Fleisch, Fisch, Geflügel und Eier.

2. **Ovo-Lakto-Pesce-Vegetarier**

   Diese Gruppe hat Fleisch und Geflügel auf dem Speiseplan gestrichen. Im Gegensatz beinhaltet der Ernährungsplan Milchprodukte und Fisch.

3. **Ovo-Lakto-Vegetarier**

   Hier stehen zwar Milchprodukte auf dem Ernährungsplan, jedoch KEIN Fleisch, Fisch oder Geflügel.

## 4. Halbvegetarier

Unter Halbvegetarier wird eine Gruppe verstanden, die neben den pflanzlichen Produkten auch Fisch und Geflügel auf dem Ernährungsplan stehen hat; allerdings KEIN dunkles Fleisch.

## 5. Ovo-Vegetarier

Diese Gruppe verzichtet auf Milchprodukte, Fleisch, Fisch und Geflügel; aber nicht auf Eier.

Vegetarismus ist ein Begriff, der eng mit dem englischen Begriff *vegetable* verbunden ist. Vegetable bedeutet ins Deutsche übersetzt nichts anderes als pflanzlich; doch Vegetarier ernähren sich nicht ausschließlich pflanzlich; im Gegensatz zu Vegetariern ernähren sich Veganer nur mit pflanzlicher Kost.

## Vegan

Rein pflanzlich ernähren sich Veganer, doch nicht nur das!

Wie auch bei den Vegetariern gibt es auch bei Veganern einige Unterschiede, die jedoch eines gemeinsam haben: Alle ernähren sich rein pflanzlich.

## 1. Klassische Veganer

Diese Gruppe ernährt sich ausschließlich mit pflanzlichen Produkten.

## 2. Überzeugte Veganer

Sie besitzen keine Produkte aus Leder, Wolle, Daunen und Artikel, die vermuten lassen, dass diese mit Tierversuchen in Verbindung stehen könnten.

### 3. Frutarier

Diese Gruppe hält sich größtenteils an die Ernährung der Naturvölker: Sie ernähren sich, wie schon die Höhlenmenschen, ausschließlich von Samen, Nüssen und Früchten. Wie auch andere Naturvölker, wie beispielsweise die Indianer in Amerika, achten sie bei der Ernte darauf, dass die Mutterpflanze nicht beschädigt wird. Sie führen ein Leben im völligen Einklang mit der Natur.

### 4. Rohköstler

In dieser Gruppe gibt es einen gravierenden Unterschied: In der Regel verzehren Rohköstler ausschließlich pflanzliche Kost, doch Einige genießen auch Honig.

# 4. Low Carb vegan

Low Carb ist eine Ernährungsform, die sich problemlos in den Tagesablauf eingliedern lässt, wenn man im Vorfeld einiges vorbereitet. Das Vorbereiten von Mahlzeiten wird auch Meal Prep genannt.

Insbesondere eine vegane Low-Carb-Ernährung lässt sich einfach vorbereiten und kann dann zu Low Carb vegan to go werden. Salate im Vorfeld schnippeln, Behälter mit Küchenkrepp auslegen, den geschnippelten Salat hineingeben und den Behälter verschießen, ist nur eine Variante, die den Salat einige Tage frisch hält. Dies hat sich auch bei vorbereitetem Gemüse bewährt.

Die vegane Ernährungsform lehnt alle tierischen Lebensmittel strikt ab; dies ist ein Umstand, der diese Ernährung automatisch reich an Kohlenhydraten macht. Doch man kann sich auch vegan und Low Carb ernähren; wir haben dies bewiesen und für Sie einige Rezepte zusammengestellt.

Heute sind bereits viele Menschen von der Low-Carb-Ernährungsform begeistert und praktizieren diese auch. Veganer profitieren ebenfalls von Low Carb, wenn sie sich an einigen Regeln halten.

1. Ohne Brot oder Brötchen ist ein Frühstück kein Frühstück. Backen Sie Ihr Brot, Ihre Brötchen selbst und verwenden Sie anstatt Weißmehl Kokosmehl, Leinsamenmehl, Mandelmehl oder Sojamehl. Lassen Sie den Haushaltszucker nicht in Ihren Kaffee, sondern süßen sie ihn mit Rohrzucker, Süßmittel mit Erythrit oder Kokosblütenzucker sowie mit Stevia.

2. Kombinieren Sie Gemüse, Sprossen und Nüsse zu einem leckeren Salat.

3. Auch Nudelfreunde kommen bei Low Carb vegan nicht zu kurz: Nudeln aus Zucchini, Lauch, Möhren sind einfach mit dem Spiralschneider herzustellen. Im Handel gibt es beispielsweise Konjakprodukte, die Nudeln, Lasagne, Reis beinhalten.

4. Tofu, Lupinen, Tempeh eignen sich ausgezeichnet als Ersatz für Fleisch.

5. Viele weitere Produkte wie Mandelmus, Kokosmus, Sojaprodukte, Kokos-Mandel- und Sojamilch sowie vegane Proteinpulver bieten sich für eine vegane Ernährung in Low-Carb-Qualität an.

Noch einige kurze Bemerkungen: Sie werden in unseren Rezepten, insbesondere bei den Backrezepten auch Gluten finden. Damit ist Seitan, ein isoliertes und hochkonzentriertes Weizeneiweiß gemeint.

Bei der Erstellung Ihres Ernährungsplans sollten Sie mit den sogenannten Pseudogetreideprodukten wie Buchweizen, Quinoa etwas vorsichtig sein. Dies gilt auch für Vollkornprodukte, Mais, Früchte, Hirse und Kartoffeln. Diese Lebensmittel enthalten viele Kohlehydrate; bei Low Carb sollte die Tagesmenge an Kohlenhydraten 130 Gramm nicht übersteigen.

# 5. Vegane Ernährung

Low Carb und vegan können sich hervorragend ergänzen. Es gibt jedoch einige Tipps, die man beherzigen sollte, damit nicht nur wenige Kohlenhydrate auf dem Teller sind, sondern auch ausreichend Eiweiß und Fett.

Damit Sie nicht dauernd nachrechnen müssen, wie viel Eiweiß Sie täglich verzehren, gibt es einen Tipp von uns: Planen Sie zur Hauptmahlzeit täglich eiweißreiche Lebensmittel ein. Beispielsweise Tofu, Hülsenfrüchte, Seitan oder Pilze.

Es ist eine Tatsache, dass vegane Ernährung reich an Kohlenhydraten ist. Damit sich vegan und Low Carb „verträgt", sollte nur ein Lebensmittel mit vielen Kohlenhydraten täglich auf den Tisch kommen. Doch dieses Lebensmittel sollte in keinem Fall zusammen mit Hülsenfrüchten gegessen werden. Der Grund ist, dass Hülsenfrüchte selbst viele Kohlhydrate enthalten.

Nutzen Sie ausschließlich gesunde Fette wie beispielsweise natives Olivenöl, Kokosöl, Leinöl sowie Hanföl. Damit hat Ihre vegane Low-Carb-Ernährung ausreichend gesunde Fette.

Nuss- und Mandelmus ersetzen Milchprodukte voll und ganz. Sie können völlig unbedenklich zu jeder Mahlzeit eines dieser Musprodukte und gesunde Fettprodukte zu sich nehmen.

Gesunde Menschen können auch bei der Umstellung von herkömmlicher Kost auf Low Carb vegan drei Mahlzeiten täglich zu sich nehmen. Wer berufstätig ist, für den ist es oft schwer, die Mahlzeiten einzuhalten. Hier hilft nur zu experimentieren und dabei herauszufinden, welcher Rhythmus Ihrer Gesundheit und Ihrem Wohlbefinden zusagt.

# 6. Vegane Ernährung und Gesundheit

Sich vegan und Low Carb zu ernähren ist nicht schwer. Ist erst einmal der Anfang gemacht, geht der Rest fast wie von alleine. Im Internet gibt es Ernährungspläne für Low Carb vegan Ernährung, die man als Neuling als Hilfsmittel verwenden kann.

Die vegane Ernährungsform in Verbindung mit Low Carb gehört zu den gesündesten Formen überhaupt. Wenn Sie einen Balkon oder Garten haben, dann nutzen Sie diesen Platz, um Kräuter zu pflanzen. Damit haben Sie immer frische Kräuter, die sie im Herbst einfrieren können und somit während des gesamten Jahres mit Kräutern Ihrer Wahl versorgt sind. Der Vorteil ist, Sie wissen, was Sie in Ihr Essen geben; im Gegensatz zu den Produkten aus dem Handel, bei denen Sie nicht wissen, was alles enthalten ist.

Junge Mütter, die ihre Babys stillen, müssen auf ihren besonderen Bedarf an Nährstoffen achten. Auch wenn viele meinen, das geht nicht mit veganer Ernährung, es geht doch! Stehen doch Milch, Fisch und Fleisch auf der Liste von Ratschlägen, die zwar gut gemeint, aber nicht richtig sind. Leider ist die Meinung, dass Milch Muttermilch produziert, immer noch vorhanden, obwohl dies blanker Unsinn ist. Viel wichtiger ist die optimale Versorgung der Mutter mit Vitamin B12, einem Vitamin, das in Sanddorn und vielen Gemüse- und Obstsorten vorhanden ist.

Ein zweiter Punkt ist Eisen, ein Mineralstoff, der für alle Menschen, aber insbesondere für Schwangere und stillende Mütter wichtig ist. Die vegane Küche hat viele Gerichte, die reich sind an Eisen und Vitamin C, denn wer nach Eisen sucht, muss Vitamin C finden, denn Vitamin C hilft dem Körper, Eisen zu verwerten. Auch die notwendige Menge der anderen Elemente wie Folsäure, Magnesium und Eiweiß können durch die vegane Küche problemlos gedeckt werden.

Probleme bereiten allenfalls die Omega-3-Fettsäuren, die hauptsächlich in tierischen Lebensmitteln vorhanden sind. Der Körper kann zwar die Alphalinolensäure in eine ähnliche Omega-3-Fettsäure umwandeln, doch nicht den Bedarf decken. Hier müssen stillende Mütter zusätzlich 200 mg DHA zu sich nehmen, dieses ist in DHA-Algenöl enthalten. Damit decken sie ihren täglichen Bedarf.

# 7. Nähr- und Aufbaustoffe bei veganer Ernährung

Wie bei allen Ernährungsformen gibt es kleine Stolperfallen, in die man sich als Neuling nur zu gerne hinein begibt. Deshalb kann auch eine vegane Ernährungsweise, auch wenn diese noch so gesund ist, eine völlig andere Wirkung haben. Es gibt allerdings einige Regeln, die Ihnen helfen, Ihre Low Carb vegan Ernährungsweise gesund zu gestalten.

1. Sie brauchen auch bei veganer Ernährung wie bei jeder anderen Ernährungsform auch Vitamine, insbesondere Vitamin B12. Meist haben tierische Lebensmittel wie Milch, Fleisch, Käse, Eier Vitamin12 in ausreichender Form. Doch Veganer lehnen diese Lebensmittel ab. Sie brauchen Vitamin B12 in anderer Form.

   Vitamin-B12-Lieferanten sind beispielsweise Algen wie Spirulina, Wurzelgemüse mit Schale wie Karotten, Sauerkraut, Sanddorn, Palmzucker, fermentierte Produkte aus Soja wie Tempeh, Weizen- und Gerstengras sowie Wildpflanzen.

2. Omega-3-Fettsäuren sind für den Körper sehr wichtig; zu finden sind diese Fette in Eiern und Fisch. Im veganen Speiseplan sind beide Lebensmittel nicht enthalten. Sicher, in verschiedenen Ölen wie Leinöl und Samen wie Chiasamen sind Omega-3-Fettsäuren enthalten, allerdings nicht in den Formen EPA und DHA, dies sind langkettige Fettsäuren, die biologisch attraktiver sind als die Fettsäuren aus Ölen und Samen.

   Decken lässt sich der Bedarf an Omega-3-Fettsäuren bei einem veganen Ernährungsplan nicht. Doch der menschliche

Körper leistet viel; er kann Fette in Fettsäuren umwandeln, die vergleichbar mit Omega-3 sind.

3. Eisen braucht der menschliche Körper, dieses Element ist jedoch hauptsächlich in tierischen Lebensmitteln enthalten. Doch auch pflanzliche Lebensmittel enthalten Eisen, insbesondere Nüsse und Trockenfrüchte. Sehr gesund ist eine Kombination aus Lebensmitteln, die einerseits viel Eisen und andererseits viel Vitamin C enthalten.

Studien über Eisenmangel bei der Bevölkerung wurden durchgeführt; diese kamen zum Ergebnis, dass Veganer seltener an Eisenmangel litten als die Menschen, die sich mit Hausmannskost ernährten.

Eisen ist in Leinsamen, Kürbiskernen, Pistazien, Nüssen, Cashewkernen enthalten sowie in vielen Trockenfrüchten und Kräutern. Wer einen Balkon oder Garten hat, der sollte dort in jedem Fall Basilikum und Petersilie haben, denn beides sind herausragende Eisenlieferanten. Hülsenfrüchte, einige Gemüsesorten wie Rote Bete, Schwarzwurzeln sowie verschiedene Getreide und Pseudogetreide stehen dem in nichts nach.

4. Zink ist ein sehr wichtiges Element, das der menschliche Körper braucht. Zinkmangel bedeutet in der Regel Leistungsschwäche, Anfälligkeit für Infektionen und andere gesundheitliche Probleme.

Zink ist auch aus pflanzlichen Lebensmitteln verwertbar, insbesondere, wenn man Ölsaaten, Hülsenfrüchte über Nacht in Wasser legt und diese keimen lässt. Wer dies nicht machen will, der wendet sich an den Biofachhandel und kauft dort Flocken aus Keimlingen. Damit erhalten auch Veganer die notwendige Menge an Zink.

5. Jod ist hauptsächlich in Fisch und Meeresfrüchten enthalten. Veganer müssen hier nach Alternativen suchen, weil in ihrem Ernährungsplan weder Fisch noch Meeresfrüchte enthalten sind.

Allerdings sind Meeresalgen im Ernährungsplan enthalten; diese sind ebenso herausragende Jodlieferanten wie Fische. Algen eignen sich als Beilage zu Reis als Garnitur über Salaten. Daneben gibt es im Handel Meeresalgen in Dosen oder Gläsern, die in Öl eingelegt sind. Neben Meeresalgen sind auch Pilze, Ackersalat, Brokkoli, Endiviensalat, verschiedene Kohlsorten sowie Nüsse, Saaten, Hülsenfrüchte und Getreide erstklassige Lieferanten von Jod.

6. Kalzium ist hauptsächlich in Milch und Milchprodukten wie Käse und Quark enthalten. Bei einer veganen Ernährung sind diese Lebensmittel nicht vorhanden.

Ausgezeichnete Kalziumlieferanten sind jedoch auch verschiedene Gemüsesorten wie Mangold, Sauerampfer und Spinat und alle Kohlarten. Daneben enthalten Tofu und Süßkartoffeln sowie einige Bohnenarten hohe Kalziumanteile.

7. Eiweiß ist einer der wichtigsten Stoffe, die der menschliche Körper braucht. In tierischen Produkten wie Fleisch ist reichlich Eiweiß vorhanden, doch dieses Eiweiß ist nicht wirklich gesund.

Gesunde Proteinquellen sind Ölsaaten, Hülsenfrüchte, Pseudogetreide, Getreide und Nüsse. Diese pflanzlichen Lebensmittel decken den Proteinbedarf des Körpers.

8. L-Carnitin ist ein Stoff, den der Körper selbst herstellen kann. Die Behauptung, dass Veganer unter einem Mangel an L-Carnitin leiden, ist schlicht und ergreifend falsch.

Es ist richtig, dass in Fleisch viel L-Carnitin enthalten ist. Auch wenn Veganer keine tierischen Lebensmittel zu sich nehmen, wurde in einer Studie bei ihnen seltener ein L-Carnitin-Mangel festgestellt als bei Menschen, die auch Fleisch essen.

Um L-Carnitin zu produzieren, braucht der Körper einige Baustoffe wie Lysin, Methionin, beides sind wichtige Aminosäuren, die gemeinsam mit Folsäure, den Vitaminen B3, B6 und B12 sowie Vitamin C und Eisen eine körpereigene Produktion von L-Carnitin erst ermöglichen.

9. Vitamin D ist eines der wichtigsten Vitamine, das wichtig für die Bildung und das Wachstum von Knochen und Zähnen ist. Auch aktiviert dieses Vitamin die weißen Blutkörperchen, wenn eine Infektion vorhanden ist. Es ist am Wachstum der Zellen ebenso beteiligt, wie an der Resorption von Kalzium und dessen Bereitstellung im Stoffwechsel.

Einen großen Anteil an Vitamin D findet sich im Lebertran, aber auch bei Fischen. Den weitaus größten Anteil hat das Sonnenlicht, das für alle Menschen vorhanden ist. Für Veganer, die keine Fische essen, ist die Versorgung mit Vitamin D durch Pilze gegeben, die im Sonnenlicht trocknen.

10. Vitamine gehören zu den Elementen, auf die der Körper nicht verzichten kann. Wer dauernd müde ist, der verfügt unter Umständen nicht über die ausreichende Menge an Vitamin B2. Dieses wasserlösliche Vitamin ist hauptsächlich in Milchprodukten und Fleisch enthalten. Allerdings sind dies Lebensmittel, die auf keinem veganen Speiseplan stehen.

Doch auch Mandeln, einige Pilze, Trockenfrüchte, Cashewkerne, Spinat, Dill und viele Gemüsearten verfügen ausreichend Vitamin B2.

11. Kommen wir zu Vitamin K2; einem Vitamin, das nur hinlänglich bekannt ist. Es ist eines der wenigen Vitamine, das zum größten Teil bei Gemüse, Kräutern und Hülsenfrüchten vorkommt. Selbst Petersilie, die wir wie selbstverständlich verwenden, beinhaltet große Mengen an Vitamin K2.

12. Soja ist das A und O der asiatischen, insbesondere der japanischen Ernährung. Keine Frage, Soja ist sehr gesund, auch wenn es immer wieder Kritiker gibt, die dieses Nahrungsmittel als Gift bezeichnen.

    Für Veganer gehören Soja und seine Produkte zu den Lebensmitteln, die sie unbedenklich verzehren dürfen. Soja und seine Produkte sind nicht nur schmackhafte Lebensmittel, sondern daneben auch sehr gesund.

13. Seitan, ein Begriff, mit dem nur Insider etwas anfangen können. Seitan ist nichts anderes als Gluten; einem Stoff, der sehr umstritten ist. Es gibt viele Menschen, die auf Gluten allergisch sind und mit Krankheitssymptomen reagieren. Auch können überempfindliche Menschen eine Intoleranz auf Gluten entwickeln oder aber an Zöliakie erkranken.

    Für die vegane Ernährungsform ist Seitan allerdings ein Fleischersatz, jedenfalls für alle, die auf Gluten keine Intoleranz entwickelt haben.

14. Veganer neigen dazu, in ihrem Ernährungsplan viele Produkte aus Getreide aufzunehmen. Wer den Wegfall von Fleisch, Eiern, Milchprodukten und Fisch mit Getreide ausgleichen will, der lebt nicht wirklich gesund.

    Weizen sollte gar nicht auf dem Ernährungsplan vorhanden sein, dafür Hirse, Pseudogetreidesorten, Reis und Hafer. Wer jedoch nicht auf Brot verzichten will, der sollte sich auf Vollkornprodukte beschränken oder zu den ursprünglichen Getreidesorten wie Dinkel ausweichen.

Weizen sollte man nicht auf dem Speiseplan haben, denn Weizen ist ein Förderer von Übergewicht. Und genau das wollen wir nicht haben!

# 8. Rezepte

Low Carb vegan ein Bereich der Low-Carb-Ernährung. Diese Ernährungsform beinhaltet wenig Kohlenhydrate, dafür viel Eiweiß und gesunde Fette. Vegan ist eine Ernährungsform, die keine tierischen Produkte beinhaltet, also auch kein tierisches Eiweiß und Fett. Es gibt viele Möglichkeiten, tierische Lebensmittel wie Eier, Milchprodukte, Fleisch, Wurst, Fisch mit pflanzlicher Kost zu ersetzen. Tauchen Sie mit uns ein in die Welt der veganen Ernährung in Low-Carb-Qualität.

## 8.1 Hauptgerichte

Unter dem Thema Hauptgerichte verstehen wir Mahlzeiten, die ein komplettes Mittag- oder Abendessen darstellen. Selbstverständlich sind alle Gerichte nicht nur vegan, sondern entsprechen auch dem Low-Carb-Ernährungsplan.

### Spaghetti mit Bolognese

Portionen: 2

<u>Zutaten</u>

500 g Karotten

2 Tetrapack passierte Tomaten (Gewicht insgesamt: 500 g)

75 g trockenes Sojagranulat

1 Knoblauchzehe

1 rote Zwiebel

2 EL Tomatenmark

½ TL getrockneter Oregano

½ TL frisches Basilikum

½ rote Chilischote

veganer Balsamico

Salz

150 ml heiße Gemüsebrühe

Wasser

Pfeffer

Olivenöl

Zubereitung

1. Die heiße Brühe in eine Schüssel geben. Sojagranulat zufügen, verrühren, ruhen lassen.

2. Karotten waschen, evtl. schälen, mit einem Spiralschneider zu Spaghetti verarbeiten. Reste, die nicht durch den Spiralschneider gehen, hacken.

3. Zwiebel und Knoblauch abziehen, hacken. Chili waschen, entkernen, hacken.

4. Sojagranulat abgießen, mit den Händen auspressen.

5. Olivenöl in einer beschichteten Pfanne erhitzen, Granulat zufügen, anbraten; Knoblauch, Zwiebel und Karottenreste zufügen, anrösten. Tomatenmark zufügen, verrühren, mit etwas

Wasser und Balsamico ablöschen, würzen mit Salz, Pfeffer, mit Oregano pikant abschmecken. Hitze reduzieren, Pfanne mit einem Deckel abdecken, das Ganze 20 Minuten köcheln lassen.

6. Wasser in einen Topf gießen, zum Kochen bringen, die Karottenspaghetti zufügen, 4 Minuten kochen lassen.

7. Basilikum abbrausen, hacken, zum Gemüse geben, mischen.

### Konjaknudeln in veganer Soße

Portionen: 2

Zutaten

250 g frische braune Champignons

4 Cocktailtomaten

200 g Rucola

250 g Konjaknudeln

½ Stange Lauch

5 EL vegane Mandelcreme

1 TL gekörnte Instantsuppe

2 EL Kokosöl

80 ml ungesüßte Mandelmilch

etwas Zitronensaft

etwas Weißwein

etwas veganer Parmesankäseersatz

einige Blätter Rucola für die Garnitur

Salz

Pfeffer

Salzwasser

<u>Zubereitung</u>

1. Salzwasser zum Kochen bringen, Konjaknudeln zufügen, al dente garen, abschütten.

2. Champignons putzen, in grobe Stücke schneiden, Lauch putzen, in Ringe schneiden. Rucola waschen, zerpflücken. Tomaten waschen, in Stücke schneiden.

3. In eine beschichtete Pfanne Kokosöl geben, erhitzen. Pilze zufügen, anschwitzen. Lauch zugeben, garen lassen.

4. Mandelcreme zufügen, mischen, mit Mandelmilch ablöschen. Mit Salz, Pfeffer würzen, mit Zitronensaft, Weißwein pikant abschmecken.

5. Rucola zur Soße geben, mischen, nochmals würzen.

6. Konjaknudeln mit Mandelcreme servieren, mit Rucola und Tomatenwürfel garnieren, mit Parmesankäseersatz bestreuen.

### Zoodles und Möhrennudeln

Portionen: 2

<u>Zutaten</u>

1 Dose stückige Tomaten

2 gelbe Minipaprika

2 orangefarbene Minipaprika

2 Zucchini

1 Möhre

1 Chilischote

1 Schalotte

2 EL Tomatenmark

1 ½ TL TK-Kräuter

1 EL Olivenöl

Zubereitung

1. Schalotte abziehen, würfeln. Minipaprikas waschen, entkernen, Fruchthäute entfernen, würfeln. Chilischote waschen, entkernen, stückeln.

2. Eine beschichtete Pfanne mit 1 EL Olivenöl erhitzen. Schalotte, Paprika und Chilischote zufügen, anbraten.

3. Möhre schälen, mit dem Spiralschneider zu Bandnudeln verarbeiten.

4. Zucchini waschen, mit dem Spiralschneider ebenfalls zu Bandnudeln verarbeiten.

5. Zucchini- und Möhrennudeln zur Schalotten-Paprika-Mischung geben, unter Wenden anbraten.

6. Mit den Dosentomaten ablöschen und auffüllen. Tomatenmark zufügen, gründlich mischen, mit Kräutern abschmecken.

### Köstliches Pfannengericht

Portionen: 2

<u>Zutaten</u>

200 g schnittfesten Tofu

1 Zucchini

1 Zwiebel

2 rote Paprika

50 ml Kokosmilch

2 EL Sojasoße

1 EL Rapsöl

½ EL rote Currypaste

Salz

Pfeffer

Sojasoße

Garam masala

Paprika, edelsüß

Wasser

<u>Zubereitung</u>

1. Tofu würfeln, mit Sojasoße in eine Schüssel füllen, 20 Minuten ruhen lassen.

2. Zucchini waschen, in Scheiben schneiden. Paprika waschen, entkernen, Fruchthäute entfernen, in Streifen schneiden. Zwiebel abziehen, grob stückeln.

3. Öl in einer großen beschichteten Pfanne erhitzen, Currypaste, Zwiebel zufügen, anbraten.

4. In die Pfanne die Tofu-Sojasoßenmischung geben, unter Rühren scharf anbraten.

5. Das Gemüse zufügen, unter Rühren 3 - 4 Minuten braten.

6. Mit der Kokosmilch das Ganze ablöschen, evtl. noch etwas Wasser zufügen.

7. Würzen mit Salz, Pfeffer, Garam masala und Paprika, mit Sojasoße abschmecken.

## Vegane Bratkohlrabi

Portionen: 2

<u>Zutaten</u>

2 Kohlrabi

2 TL Sour Cream (saure Sahne, vegan)

1 EL Kokosöl

geräuchertes, edelsüßes Paprikapulver

Salz

Pfeffer

Zubereitung

1. Kohlrabi waschen, schälen, grob würfeln.

2. Kokosöl in eine beschichtete Pfanne geben, erhitzen. Kohlrabi zufügen, 5 - 7 Minuten braten, dabei öfters umrühren.

3. Würzen mit Salz, Pfeffer, Paprika.

4. Mit einem Klecks Sour Cream anrichten, nach Belieben mit Kräutern bestreuen

## Lauchnudeln mit fruchtigem Curry

Portionen: 2

Zutaten

1 große Zucchini

1 Möhre

2 Lauchstangen

½ gelber Paprika

½ roter Paprika

100 g Papaya

1 Stück Ingwer

50 g Kokosnussfleisch

Kokosöl

1 Dose Kokosmilch

1 Zitrone

1 EL Kokoschips

2 TL gelbe Currypaste

1 TL Chiliflocken

Salz

Pfeffer

<u>Zubereitung</u>

1. Zucchini waschen, in Scheiben schneiden. Möhre waschen, würfeln. Paprika waschen, entkernen, Fruchthäute entfernen, würfeln.

2. Das Fruchtfleisch von Kokosnuss und Papaya würfeln. Ingwer schälen, fein hacken. Zitrone waschen, Schale abreiben.

3. Kokosöl in eine beschichtete Pfanne geben, Möhre, Zucchini, Paprika zufügen, anbraten, würzen mit Salz, Pfeffer.

4. Kokosnuss und Papaya zufügen, kurz anbraten, ablöschen mit Kokosmilch.

5. Currypaste, Chiliflocken, Zitronenschale und Ingwer zufügen, mischen, das Ganze 15 Minuten bei mittlerer Hitze köcheln lassen.

6. Die äußeren Blätter und die Wurzel vom Lauch entfernen, den

Lauch halbieren, gründlich abspülen.

7. Die beiden Lauchhälften auf ein Brett legen, mit einem scharfen Messer aus dem Lauch Taglia schneiden.

8. Einen Topf mit Salzwasser zum Kochen bringen, die Lauchnudeln zufügen, 10 Minuten al dente kochen.

9. Die Lauchnudeln in ein Sieb schütten, kurz abtropfen lassen, zum Curry geben, mischen, einige Minuten auf der Herdplatte lassen.

10. Eine beschichtete Pfanne erhitzen, Kokoschips zufügen, rösten.

11. Die Kokoschips über die Lauchnudeln und Curry streuen.

## Pasta mit Pesto

### Portionen: 2

<u>Zutaten</u>

2 Möhren

2 Zucchini

2 Avocados

2 Knoblauchzehen

1 Zwiebel

1 Zitrone

100 g Kirschtomaten

½ TL Pfeffer

½ TL Salz

100 ml Wasser

Olivenöl

Salz

Zubereitung

1. Zwiebel, Knoblauch abziehen, würfeln.

2. Olivenöl in eine beschichtete Pfanne geben, erhitzen. Zwiebel, Knoblauch zufügen, anschwitzen.

3. Avocado schälen, entsteinen, in eine Schüssel geben, die Zwiebel-Knoblauchmischung zufügen, mit dem Pürierstab zu Püree verarbeiten.

4. Zitrone auspressen, Saft zur Avocadomischung geben. Pfeffer und das Wasser zufügen, das Ganze nochmals kräftig pürieren, zu einem Pesto verarbeiten.

5. Zucchini und Möhren waschen, mit dem Spiralschneider zu Nudeln verarbeiten.

6. In eine beschichtete Pfanne Öl geben, erhitzen. Zucchini- und Möhrennudeln zufügen, braten, salzen und mischen.

7. Die Gemüsenudeln zum Pesto geben, mischen.

8. Kirschtomaten waschen, halbieren. Eine beschichtete Pfanne erhitzen, Tomatenhälften zufügen, kurz anbraten, dann zum Pesto geben.

## Pikante Zoodles

Portionen: 2

Zutaten

2 Zucchini

75 g Bulgur

250 g Butternusskürbis

1 Zwiebel

2 EL Haferflocken

2 EL Tomatenmark

italienische Kräutermischung nach Geschmack

Salz

Pfeffer

500 ml Gemüsebrühe

Zubereitung

1. Kürbis schälen, entkernen, würfeln.

2. Zucchini waschen, mit dem Spiralschneider zu Spaghetti verarbeiten.

3. Zwiebel abziehen, würfeln.

4. Eine beschichtete Pfanne mit Öl erhitzen, Zwiebel glasig dünsten. Kürbis zufügen, anbraten. Bulgur zufügen, ablöschen mit

Gemüsebrühe, umrühren.

5. Tomatenmark zufügen, untermischen, würzen mit Salz, Pfeffer, Haferflocken und Kräuter.

6. Zoodles unter die Gemüsemischung heben, einige Minuten garen lassen.

## Geschnetzeltes vegan

Portionen: 2

Zutaten

2 Lupinenfilets, vegan

200 g Champignons

150 g vegane Linsennudeln

100 ml Sojasahne

75 getrocknete Steinpilze

1 Knoblauchzehe

1 Zwiebel

7 Würfel TK-Spinat

150 ml Wasser

Olivenöl

Wasser

Zitronensaft

Sojasoße

Salz

<u>Zubereitung</u>

1. Spinat auftauen. Champignons putzen, vierteln. Lupinenfilets kurz abspülen, trocken tupfen, in Streifen schneiden.

2. Das Wasser in einem Topf zum Kochen bringen, in eine Schüssel gießen, die Steinpilze zufügen, 15 Minuten einweichen lassen. Dann in ein Sieb geben, Sud auffangen, die Pilze abtropfen lassen.

3. Zwiebel, Knoblauch abziehen, hacken.

4. In einer beschichteten Pfanne das Olivenöl erhitzen, Lupinenfiletstreifen zufügen, scharf anbraten.

5. Zwiebeln, Champignons zufügen, braten.

6. Knoblauch, Spinat mit den abgetropften Steinpilzen zugeben, mischen.

7. Sojasahne zugeben, unterrühren.

8. Mit Salz, Pfeffer würzen, mit Pilzsud, Zitronensaft und Sojasoße pikant abschmecken.

9. Linsennudeln nach Packungsanleitung zubereiten.

10. Nudeln mit Geschnetzeltem servieren.

## Süßkartoffel-Curry

Portionen: 2

Zutaten

400 ml Kokosmilch

300 - 350 ml Wasser

1 Süßkartoffel

1 Karotte

1 Stück Ingwer

½ Hokkaidokürbis

2 TL gelbe Currypaste

1 TL Zucker

1 TL Sojasoße

Olivenöl

Salz

Zubereitung

1. Süßkartoffel gründlich abschrubben, würfeln. Kürbis waschen, ebenfalls würfeln.

2. Karotte putzen, in Würfel schneiden. Ingwer schälen, grob hacken.

3. Eine beschichtete Pfanne mit Olivenöl erhitzen, Süßkartoffel, Gemüse zufügen, anbraten.

4. Das Gemüse in der Pfanne etwas zur Seite schieben, Currypaste und etwas Öl auf die freie Stelle geben, braten.

5. Dann Gemüse und Currypaste mischen, das Ganze mit Kokosmilch ablöschen, mit Wasser auffüllen.

6. Ingwer zum Gemüse geben, mischen, köcheln lassen, bis das Gemüse und die Kartoffeln gar sind, dauert ca. 15 - 20 Minuten.

7. Würzen mit Salz, Zucker, mit Sojasoße pikant abschmecken.

### Brokkolisuppe

Portionen: 4

<u>Zutaten</u>

1 kg Brokkoli

1 l Wasser

75 g Cashewkerne

½ TL Natron

½ TL Salz

Chili

Muskat

Stevia

Zubereitung

1. Brokkoli in Röschen teilen, waschen, den Stiel von der äußeren Schicht befreien, dann würfeln.

2. Wasser mit Salz, Natron in einen Topf gießen. Brokkoli, Cashewkerne zufügen, das Ganze 20 Minuten garen lassen.

3. Mit dem Pürierstab Gemüse und Kerne pürieren, evtl. noch ein wenig Wasser zufügen.

4. Würzen mit Salz, Muskat, mit Chili und Stevia pikant abschmecken.

### Kürbissuppe

Portionen: 4

Zutaten

1.400 g Hokkaidokürbis

1 Zwiebel

2 Möhren

1 Stück Ingwer

100 g Pfifferlinge

500 ml Gemüsebrühe

Salz

Pfeffer

Olivenöl

Curry

Sojasoße

Zubereitung

1. Kürbis halbieren, Enden abschneiden, den Kürbis entkernen, stückeln.

2. Zwiebel abziehen. Möhren waschen, evtl. schälen. Ingwer schälen, alles grob stückeln.

3. Einen Topf mit Olivenöl erhitzen, Zwiebel, Ingwer zufügen, glasig dünsten. Möhren und Kürbis zugeben, braten. Ablöschen mit Gemüsebrühe, Topf mit Deckel bedecken, das Ganze 20 Minuten garen lassen.

4. Mit Pfeffer, Curry, Sojasoße würzen.

5. Pfifferlinge waschen. Eine beschichtete Pfanne mit Öl erhitzen, Pilze zufügen, anbraten, aus der Pfanne nehmen, beiseitestellen.

6. Mit dem Pürierstab den Topfinhalt pürieren, wenn notwendig noch etwas Wasser zufügen.

7. Die Suppe auf Teller verteilen, mit den Pilzen garnieren.

### Zoodles mit Bolognese

Portionen: 4

Zutaten

4 Zucchini

1 rote Zwiebel

1 Knoblauchzehe

1 Dose stückige Tomaten

100 g rote Linsen

veganer Balsamico

¼ TL Cayennepfeffer

Salz

Pfeffer

Öl

300 ml Gemüsebrühe

Zubereitung

1.  Knoblauch und Zwiebel abziehen, Zwiebel hacken, Knoblauch durch die Presse pressen.

2.  In eine beschichtete Pfanne Öl geben, erhitzen. Zwiebel zufügen, anbraten; Linsen zufügen, anbraten, mit Gemüsebrühe ablöschen, die Linsen garen lassen.

3.  Zucchini waschen, schälen, mit einem Spiralschneider zu Spaghetti verarbeiten.

4.  Öl in eine beschichte Pfanne geben, erhitzen. Zoodles zufügen, anbraten, kräftig salzen.

5.  Zu den Linsen die gestückelten Tomaten geben, aufkochen,

würzen mit Salz, Pfeffer, Knoblauch. Mit Cayennepfeffer, Balsamico pikant abschmecken.

## Chili vegan

Portionen: 4

Chili wird immer als mexikanische Spezialität beschrieben; ist es aber nicht. In Mexiko wird Chili erst seit dem Tourismus gekocht. Seinen Ursprung hat Chili in Texas, insbesondere bei den Ranches und Cowboys.

<u>Zutaten</u>

2 Dosen gehackte Tomaten

1 Dose Mais

2 Tassen rote Linsen

3 bunte Paprikaschoten

50 g grüne TK-Bohnen

2 Knoblauchzehen

1 rote Zwiebel

2 EL Mandelmus

Salz (Hawaiianisches Lavameersalz passt super dazu)

Cayennepfeffer

Pfeffer

Chili

Paprika

4 Tassen vegane Instantgemüsebrühe

1 - 2 TL mexikanische Gewürzmischung

Öl

<u>Zubereitung</u>

1. Gemüsebrühe in einen Topf gießen, Linsen zu fügen, zum Kochen bringen, 10 Minuten kochen.

2. Zwiebel, Knoblauch abziehen, Zwiebel würfeln, Knoblauch durch die Presse pressen. Paprika waschen, entkernen, Fruchthäute entfernen, würfeln. Bohnen auftauen, abtropfen lassen. Mais in ein Sieb schütten, abtropfen lassen.

3. Einen weiteren Topf mit Öl erhitzen, Zwiebel zufügen, anbraten, Paprika und Bohnen zugeben, anbraten.

4. Mit den gehackten Tomaten ablöschen. Knoblauch zufügen, vermischen. Mais zugeben, mischen, würzen mit Salz, Pfeffer, Cayennepfeffer, Chili und Paprika, mit der Gewürzmischung pikant abschmecken.

5. Zum Schluss die Linsen zufügen, mischen.

6. Mit Mandelmus das Ganze zu einer cremigen Substanz binden.

### Spargel-Möhren-Pfanne

Portionen: 1

<u>Zutaten</u>

1 große gelbe Möhre

160 g grüner Spargel

1 EL zimmertemperiertes Kokosöl (cremiger Zustand)

1 ½ TL geschälter Hanfsamen

Rote-Bete-Sprossen

veganer Parmesankäseersatz

Zubereitung

1. Spargel putzen, untere Enden abschneiden, in schräge Scheiben schneiden.

2. Möhre waschen, schälen, hobeln.

3. In eine beschichtete Pfanne Kokosöl geben, schmelzen lassen. Spargel zufügen, 2 Minuten anbraten.

4. Karotte zugeben, kurz mit braten lassen. Hanfsamen zufügen, mischen.

5. Würzen mit Salz, Pfeffer. Käseersatz zugeben, das Ganze durchmischen.

6. Sprossen abbrausen, über das Gemüse streuen.

**Gemüsepfanne**

Portionen: 2

Zutaten

1 Kohlrabi

1 gelber Paprika

1 Brokkoli

2 Möhren

1 Pastinake

75 g geschälte ganze Mandeln

2 EL Erdnussmus

4 EL Erdnussöl

2 EL gehackte Petersilie

4 TL glutenfreie Sojasoße

175 ml Wasser

2 TL Zitronensaft

etwas gekörnte Gemüsebrühe

Salz

Zucker

Chili

Zubereitung

1. Möhren waschen, evtl. schälen. Pastinake schälen. Kohlrabi waschen. Brokkoli in Röschen teilen, waschen. Paprika waschen, entkernen, Fruchthäute entfernen, alles in grobe Stücke schneiden.

2. Eine beschichtete Pfanne erhitzen, Mandeln zufügen, anrösten, dann beiseitestellen.

3. Eine Pfanne mit Erdnussöl erhitzen, Möhren, Kohlrabi, Brokkoli, Paprika zufügen, anbraten, dabei immer wieder umrühren, das Ganze etwa 5 Minuten garen lassen.

4. Nach etwa 3 Minuten Pastinake zugeben. Wasser und Erdnussmus zufügen, vermischen.

5. Petersilie abbrausen, hacken.

6. Sojasoße und Gemüsebrühe zum Gemüse geben. Mit Salz, Pfeffer würzen, mit Zucker, Chili und Zitronensaft pikant abschmecken.

7. Die Mandeln zum Gemüse geben, vermischen, das Ganze mit Petersilie bestreuen.

### Pilz-Zucchini-Pfanne

Portionen: 1

Zutaten

200 g braune frische Champignons

1 Zucchini

½ Stange Lauch

50 g Käseersatz

1 EL zimmertemperiertes Kokosöl

3 EL Hafersahne

2 EL Röstzwiebeln

Salz

Pfeffer

Zubereitung

1. Pilze putzen, in Scheiben schneiden; Zucchini abwaschen, ebenfalls in Scheiben schneiden, Lauch waschen, in Ringe schneiden.

2. In eine beschichtete Pfanne Kokosöl geben, erhitzen. Zucchini zufügen, anbraten. Pilze zugeben, braten.

3. Lauch zufügen, dünsten.

4. Das Ganze mit Sahne ablöschen, mit Salz, Pfeffer würzen. Käseersatz zufügen, mischen.

5. Röstzwiebeln über das Ganze geben, vermischen.

### Spinatpfanne mit Tofu

Portionen: 4

Zutaten

1 Paket TK- Spinat vegan mit Alpro

2 rote Paprika

500 g Brokkoli

80 ml Teriyakisoße

3 Frühlingszwiebeln

1 Paket Tofu

20 g frischer Ingwer

2 Stiele Koriander

3 EL Sesamöl

Pfeffer

<u>Zubereitung</u>

1. Ingwer waschen, schälen, reiben. Paprika waschen, entkernen, Fruchthäute entfernen, würfeln. Brokkoli in Röschen teilen, putzen. Spinat auftauen, abtropfen lassen.

2. Frühlingszwiebeln abziehen, in Ringe schneiden. Koriander abbrausen, Blättchen abzupfen, in feine Streifen schneiden. Tofu würfeln.

3. In eine beschichtete Pfanne Sesamöl geben, erhitzen, Tofu zufügen, 5 Minuten braten, mit 70 ml Teriyakisoße das Ganze ablöschen, umrühren, den Pfanneninhalt auf einen Teller geben, beiseitestellen.

4. Die Pfanne nochmals erhitzen, Ingwer, Paprika zufügen, 5 Minuten dünsten.

5. Brokkoli zugeben, nochmals 5 Minuten dünsten. Spinat und Paprika zugeben, das Ganze aufkochen lassen, 8 Minuten bei mittlerer Temperatur köcheln lassen.

6. Tofu, Frühlingszwiebeln zum Gemüse geben, vermischen, nochmals erhitzen, würzen mit Pfeffer, abschmecken mit Teriyakisoße. Über das Ganze Koriander streuen.

## Kohlpfanne

Portionen: 4

Zutaten

1 Weißkohl

2 Zwiebeln

150 Sojagranulat

2 EL gemischte TK-Kräuter

1 l Wasser

Salz

Pfeffer

Sojasoße

Muskat

Olivenöl

2 EL Brühe

Zubereitung

1. Brühe in eine Schüssel geben, Sojagranulat zufügen, einweichen.

2. Zwiebel abziehen, Weißkohl putzen, in Streifen schneiden.

3. In eine tiefe Pfanne Öl zufügen, erhitzen. Zwiebel zugeben, glasig dünsten.

4. Sojagranulat abgießen, Granulat zur Zwiebel geben, 10 Minuten braten lassen.

5. Weißkohl in die Pfanne geben, Hitze reduzieren, 10 Minuten braten lassen, evtl. etwas Wasser zufügen.

6. Das Ganze würzen mit Salz, Pfeffer. Mit Muskat, Sojasoße pikant abschmecken.

7. Kräuter zufügen, das Ganze bei niedriger Temperatur 5 Minuten köcheln lassen.

### Gemüsepfanne mit Nudeln

Portionen: 2

Zutaten

120 g Kelpnudeln

1 Möhre

1 Zucchini

1 kleine Kohlrabi

½ Stange Lauch

100 ml Hafersahne

100 ml kräftige Gemüsebrühe

1 EL Kokosöl (Zimmertemperatur)

2 TL Hefeflocken

1 TL schwarzer Sesam

4 Stiele Petersilie

Chili

Pfeffer

Meersalz

Zubereitung

1. Nudeln abwaschen, abtropfen lassen, klein schneiden.

2. Zucchini waschen, Möhre waschen, schälen, aus beidem mit dem Spiralschneider Juliennestreifen schneiden.

3. Kohlrabi waschen, evtl. schälen, hobeln.

4. Lauch waschen, den weißen Teil in Scheiben schneiden. Petersilie abbrausen, hacken.

5. In eine beschichtete Pfanne Kokosöl geben, Gemüse zufügen, anbraten.

6. Mit Gemüsebrühe, Hafersahne ablöschen. Würzen mit Salz, Pfeffer. Mit Chili pikant abschmecken.

7. Kelpnudeln unter das Gemüse mischen, Hefeflocken, Sesam und Petersilie zum Ganzen geben, mischen.

Info: Kelpnudeln sind Nudeln, die aus der gleichnamigen Meeresalge hergestellt werden. Bei der Kelpalge handelt es sich um eine Braunalge.

## Pilzpfanne

Portionen: 2

<u>Zutaten</u>

250 g Champignons

2 Knoblauchzehen

1 Zwiebeln

500 g Topinambur

30 g Pinienkerne

Olivenöl

Kresse zum Bestreuen

Salz

Pfeffer

<u>Zubereitung</u>

1. Topinambur gründlich waschen (schälen ist nicht notwendig). Champignons putzen, in Scheiben schneiden. Zwiebel abziehen, würfeln. Knoblauch abziehen, hacken.

2. Einen Topf mit Wasser erhitzen, Topinambur zufügen, blanchieren.

3. Abgießen, Topinambur in dicke Scheiben schneiden.

4. Eine beschichtete Pfanne mit Öl einpinseln, Pilze zufügen, braten, aus der Pfanne nehmen, beiseitestellen.

5. Dieselbe Pfanne nochmals erhitzen, Pinienkerne zufügen, rösten, dann beiseitestellen.

6. In die gleiche Pfanne 3 EL Öl geben, erhitzen, Topinambur zufügen, 10 Minuten bei mittlerer Temperatur braten. Sobald das Wurzelgemüse goldbraun wird, die Zwiebel und den Knoblauch zufügen, das Ganze 5 Minuten braten lassen.

7. Champignons und Pinienkerne zugeben, mischen, weitere 5 Minuten braten lassen.

8. Vor dem Servieren die Pilzpfanne mit frischer Kresse garnieren.

**Pfannengemüse mit Erdnuss und Kokos**

Portionen: 2

Zutaten

2 Karotten

1 kleine Zucchini

1 große Zucchini

1 Stange Staudensellerie

1 gelber Paprika

250 g Brokkoli

½ Stange Lauch

3 EL Erdnussmus

100 g Kokoscreme

3 EL zuckerfreier Senf

etwas Kichererbsenmehl

einige Cashewkerne

Salz

Pfeffer

ein wenig Wasser

Zubereitung

1. Die große Zucchini waschen, in Scheiben schneiden, würzen mit Salz, Pfeffer.

2. Kichererbsenmehl in einen Teller geben, Zucchinischeiben in Mehl wenden.

3. Senf und Wasser in einen tiefen Teller geben, vermischen. Zucchinischeiben in der Mischung wenden, nochmals in Kichererbsenmehl wenden.

4. Die kleine Zucchini waschen, Karotten putzen, Lauch und Sellerie putzen, alles stückeln.

5. Paprika waschen, entkernen, Fruchthäute abziehen. Brokkoli in Röschen teilen, waschen, beides stückeln.

6. Eine beschichtete Pfanne mit Öl erhitzen, die panierten Zucchinischeiben zufügen, von beiden Seiten kurz braten.

7. Eine weitere Pfanne mit Öl erhitzen, Lauch und die restlichen Gemüsestücke zugeben, anbraten.

8. Die panierten Zucchini auf Küchenkrepp geben, abtropfen lassen.

9. Zur Gemüsepfanne Kokoscreme und etwas Wasser zufügen, mischen, Erdnussmus zugeben, mischen, köcheln lassen.

10. Würzen mit Salz, Pfeffer, mit Cashewkernen bestreuen.

### Reis mit Tomaten und Blumenkohl

Portionen: 2

Zutaten

1 Dose stückige Tomaten

1 Blumenkohl

1 kleines Glas Oliven

4 EL Tomatenmark

Hafercreme

Salz

Olivenöl

Pfeffer

Curry

## Zubereitung

1. Blumenkohl in Röschen teilen, putzen, die Blumenkohlröschen in einen Mixer geben, auf Größe von Reiskörnern zerkleinern.

2. In eine Schüssel, die für die Mikrowelle geeignet ist, den Blumenkohlreis geben, in die Mikrowelle stellen, diese auf volle Leistung schalten, 6 Minuten in der Mikrowelle garen lassen.

3. Eine Pfanne mit ein wenig Öl erhitzen, den Blumenkohlreis zufügen, anbraten, mit den stückigen Tomaten ablöschen, Tomatenmark und Hafercreme einrühren.

4. Oliven vierteln, zum Reis geben.

5. Würzen mit Salz, Pfeffer. Mit Curry pikant abschmecken.

### Gulasch vegan

Portionen: 6

## Zutaten

3 - 4 Tetrapack passierte Tomaten (ges. Gewicht: 1.000 ml)

1 Dose gehackte Tomaten

8 Zwiebeln

400 g Räuchertofu

1 Knoblauchzehe

5 Salatgurken

2 EL Rapsöl

1 Tube Tomatenmark

Chili

Salz

Pfeffer

2 TL getrocknetes Basilikum

3 EL TK-Dill

etwas frischer Bärlauch

<u>Zubereitung</u>

1. Zwiebeln, Knoblauch abziehen, Knoblauch in Streifen schneiden, Zwiebeln vierteln, dann in Ringe schneiden. Salatgurken schälen, vierteln, dann stückeln; Tofu würfeln, Bärlauch abbrausen, hacken.

2. Rapsöl in eine beschichtete Pfanne geben, Zwiebeln, Knoblauch zufügen, glasig dünsten. Ablöschen mit gehackten und passierten Tomaten.

3. Das Ganze mischen, Gurken zufügen, glasig dünsten.

4. Tofu zum Gemüse geben, Tomatenmark zufügen, mischen. Dill, Basilikum, Bärlauch zugeben mischen. Würzen mit Salz, Pfeffer. Mit Chili pikant abschmecken.

## Moussaka

Portionen: 2

<u>Zutaten</u>

1 Glas Kichererbsen (Abtropfgewicht: 250 g)

350 g Auberginen

1 Glas gehackte Tomaten (Abtropfgewicht: 250 g)

70 g Sojagranulat

1 Zwiebel

1 Knoblauchzehe

1 EL Kapern

100 ml Wasser

1 EL Tomatenmark

1 EL Thymian

2 EL Kokosöl

1 TL Paprikapulver

Zimt

Kreuzkümmel

Kristallsalz

½ TL Chili

schwarzer Pfeffer

*Soße*

300 ml Haferdrink

2 EL Hefeflocken

1 EL Kokosöl

15 g Dinkelmehl

Muskat

schwarzer Pfeffer

Salz

Zubereitung

1. Backofen auf 200 °C vorheizen, eine Gratinform einfetten.

2. Kichererbsen in ein Sieb schütten, gründlich abspülen, abtropfen lassen.

3. Auberginen waschen, in schräge Scheiben schneiden, auf einem Teller legen. Salz über das Ganze streuen.

4. Knoblauch abziehen, hacken, Zwiebel abziehen, ebenfalls hacken. Kapern kurz abspülen, hacken.

5. Thymian abbrausen, hacken.

6. Wasser in einen Topf zum Kochen bringen, Sojagranulat zufügen, einweichen, dann in ein Sieb geben, abtropfen lassen.

7.  1 EL Kokosöl in eine beschichtete Pfanne geben, erhitzen, Granulat zufügen, scharf anbraten.

8.  Temperatur zurückdrehen, Zwiebel, Knoblauch zufügen, dünsten.

9.  Tomatenmark zufügen, verrühren. Kreuzkümmel, Zimt, Chili, Paprika, Salz und Pfeffer zufügen, mischen. Kichererbsen zugeben, kurz dünsten, mit Wasser ablöschen.

10. Die Tomaten zufügen, mischen, das Ganze 30 Minuten köcheln lassen, dabei die Pfanne NICHT mit einem Deckel versehen. Mit Salz, Pfeffer abschmecken.

11. In eine kleine Pfanne Kokosöl geben, Dinkelmehl zufügen, einrühren, andünsten, ablöschen mit dem Haferdrink. Würzen mit Salz, Pfeffer, Muskat.

12. Hefeflocken zufügen, einrühren, bei niedriger Hitze 15 Minuten unter ständigem Rühren köcheln lassen.

13. Auberginen mit Küchenkrepp abtupfen, alle Scheiben auf beiden Seiten mit dem restlichen Kokosöl bepinseln.

14. Eine beschichtete Pfanne erhitzen, Auberginen zufügen, von beiden Seiten scharf anbraten, würzen mit Salz und Pfeffer.

15. Sie Soja-Kichererbsen-Mischung in die vorbereitete Gratinform füllen, darüber die Auberginenscheiben verteilen.

16. Die Soße über das Ganze gießen, die Form in den Ofen schieben, 20 Minuten gratinieren lassen.

## Zoodles mit Gemüse

Portionen: 3

<u>Zutaten</u>

150 ml Gemüsebrühe

1 Zucchini

1 roter Paprika

2 Knoblauchzehen

1 Zwiebel

50 g Sojagranulat

150 g Champignons

150 ml Gemüsebrühe

etwas Wasser

1 TL Instantgemüsebrühe

Erdnussbutter

Sojasahne

etwas Erdnussöl

Salz

## Zubereitung

1. Gemüsebrühe in einen Topf gießen, aufkochen. Sojagranulat zufügen, nochmals aufkochen lassen, dann Hitze zurückdrehen und das Ganze einige Minuten quellen lassen.

2. Zwiebel abziehen, würfeln, Knoblauch abziehen, durch die Presse pressen. Paprika waschen, entkernen, Fruchthäute entfernen, würfeln. Champignons putzen, vierteln. Brokkoli in Röschen teilen, waschen..

3. Zucchini waschen, mit dem Spiralschneider zu Nudeln verarbeiten.

4. Öl in eine beschichtete Pfanne geben, Zwiebeln zufügen, glasig dünsten. Pilze, Brokkoli zufügen, anbraten, ein wenig Wasser zugießen, garen lassen.

5. Das Sojagranulat zugeben, köcheln lassen.

6. Zucchininudeln (Zoodles) zufügen, garen lassen. Paprika zugeben, würzen mit Salz, Knoblauch und Brühe.

7. Erdnussbutter zugeben, vermischen, verfeinern mit einem Schuss Sojasahne.

### Auberginen gegrillt

Portionen: 2

## Zutaten

4 Tomaten

1 Aubergine

1 Knoblauchzehe

Salz

Pfeffer

Kreuzkümmel

Cayennepfeffer

Ajvar

Olivenöl

1 TL Tomatenmark

Zubereitung

1. Aubergine waschen, mit der Küchenmaschine oder einem Gurkenhobel der Länge nach in dünne Scheiben schneiden. Die Scheiben auf Küchenkrepp legen, mit Salz bestreuen.

2. Tomaten mit heißem Wasser begießen, die Haut abziehen, dann würfeln, in eine Schüssel geben. Salz, Pfeffer zufügen, mischen, Knoblauch abziehen, durch die Presse in die Schüssel pressen. Cayennepfeffer, Ajvar und Tomatenmark zufügen, mischen.

3. Öl in einer Grillpfanne erhitzen. Die abgetropften Auberginen in die Pfanne geben, von beiden Seiten glasig grillen. Würzen mit Salz, Kreuzkümmel.

4. Auf einem vorgewärmten Teller die gegrillten Auberginen anrichten, die Tomatensalsa darauf anrichten, beträufeln mit Olivenöl.

## Dough mal anders

Portionen: 1

Zutaten

½ Blumenkohl (ca. 270 g)

10 g Kokosmehl

50 g Sojaquark

30 g Proteinpulver vegan, Geschmacksrichtung Vanille

15 g Schmelzflocken

½ Fläschchen Vanillearoma

20 g Erythrit

Vanille

Zubereitung

1. Blumenkohl in Röschen teilen, waschen.

2. Einen Topf mit Wasser erhitzen. Blumenkohl zufügen, garen lassen. Blumenkohl in ein Sieb schütten, abkühlen lassen.

3. Den abgekühlten Blumenkohl mit allen anderen Zutaten in einen Mixer oder High-Speed-Blender geben, so lange mixen, bis das Ganze eine cremige Konsistenz hat.

4. Alles in eine Schüssel füllen, nach Belieben mit weiteren Lebensmitteln toppen.

## Vegane Gemüsepfanne

Portionen: 1

<u>Zutaten</u>

1 Stange Lauch

1 mittelgroße Zucchini

50 g Tofu

1 EL Kokosöl

Salz

Pfeffer

<u>Zubereitung</u>

1. Lauch waschen, in Ringe schneiden; Zucchini waschen, längs halbieren, beide Hälften in Scheiben schneiden, Tofu würfeln.

2. In eine beschichtete Pfanne Kokosöl geben, erhitzen. Zucchini zufügen, braten, Lauch und Tofu zugeben, 3 Minuten braten.

3. Würzen mit Salz, Pfeffer.

## Fenchel mit Karotten

Portionen: 2

<u>Zutaten</u>

2 große Möhren

2 Fenchelknollen

1 TL getrockneter Estragon

100 ml Sojasahne

Salz

Pfeffer

<u>Zubereitung</u>

1. Möhren waschen, evtl. schälen, hobeln; Fenchel waschen, Stiele entfernen, in zwei Hälften teilen, Strunk herausschneiden, den Rest in Scheiben schneiden.

2. In eine beschichtete Pfanne Kokosöl geben, erhitzen. Möhren, Fenchel zufügen, dünsten.

3. Mit Sojasahne ablöschen. Würzen mit Salz, Pfeffer. Mit Estragon pikant abschmecken.

## BBQ Burger

Portionen:2

<u>Zutaten</u>

*Für die 2 Burger-Buns*

50 g Gluten

26 g Goldleinsamenmehl

20 g Mandelmehl

4 g Flohsamenschalen

2 g Trockenhefe

¼ TL Salz

110 ml lauwarmes Wasser

*Für die Patties*

1 Dose Jackfrucht in Salzlake

60 g Kichererbsenmehl

30 g Tomatenmark

1 l Gemüsebrühe

1 TL Cayennepfeffer

2 TL Rauchsalz

1 TL Zwiebelpulver

½ TL Knoblauch

1 TL getr. Koriander

Öl

1 TL Paprika extra scharf

veganer Senf

Ketchup

1 TL geräuchertes Paprikapulver

## Zubereitung Burger-Buns

1. Gluten, Mehle, Flohsamenschalen, Trockenhefe und Salz in die Schüssel der Küchenmaschine geben, mischen.

2. Wasser zugießen, dabei die Knethaken arbeiten lassen.

3. Den Teig gute 10 Minuten kneten.

4. Aus dem Teig 2 Buns formen, mit Wasser bepinseln.

5. Backofen auf 30 °C vorheizen, Backblech mit Backpapier auslegen.

6. Die Buns auf das Backblech legen, im Backofen 60 Minuten ruhen lassen.

7. Backofen auf 200 °C hochheizen, die Buns 30 Minuten backen.

## Zubereitung Patties

1. Jackfrucht in ein Sieb geben, abtropfen lassen.

2. Gemüsebrühe mit 1 TL Rauchsalz zum Kochen bringen, die Jackfruchtstücke in die Brühe geben, Topf mit Deckel schließen, 30 Minuten köcheln lassen.

3. Gemüsebrühe abgießen. Jackfrucht in den Mixer geben, mixen, bis die Konsistenz einer Farce ähnlich ist, diese in eine Schüssel füllen.

4. Zur Jackfrucht das Tomatenmark zufügen, mischen. Restliches Rauchsalz, Zwiebelpulver, Cayennepfeffer, Koriander, beide Paprikapulver zufügen, alles gründlich mischen.

5. Kichererbsenmehl zugeben, verrühren, dann 15 Minuten quellen lassen.

6. Aus der Farce Patties formen.

7. In eine beschichtete Pfanne Öl geben, erhitzen, Patties zufügen, von beiden Seiten 15 Minuten braten.

8. Die Buns aufschneiden, auf den Toaster legen, ausbacken.

9. Die Burger nach Belieben belegen, auf jeden Burger ein Patty legen.

## 8.2 Salate

Die meisten Salate beinhalten keine tierischen Zutaten; doch Wenige machen hier eine Ausnahme, wie beispielsweise der Wurstsalat. Selbst einen herzhaften Wurstsalat kann man ohne tierische Lebensmittel zubereiten und erhält als Ergebnis einen Wurstsalat vollständig vegan.

### Wurstsalat vegan

Portionen: 2

Zutaten

1 rote Zwiebel

1 Paket Räuchertofu

3 EL veganer Essig

3 EL Olivenöl

1 TL veganer Senf

Salz

Pfeffer

Zubereitung

1. Essig, Senf in eine Schüssel geben, mischen.

2. Würzen mit Salz, Pfeffer, mischen. Öl zufügen, alles zu einem Dressing verrühren.

3. Zwiebel abziehen, in Scheiben schneiden.

4. Tofu in Scheiben schneiden.

5. Zwiebel, Tofu zum Dressing geben, mischen, einige Minuten ziehen lassen, nach Bedarf nachwürzen.

### Möhren-Sellerie-Salat

Das ist der perfekte Partysalat; die Zutaten können nach Belieben erweitert werden. Daneben hält sich der Salat im Kühlschrank einige Tage.

Portionen: 8

Zutaten

¼ Knollensellerie (ca. 400 g)

7 große Möhren (ca. 700 g)

3 große Paprika

2 Rote Bete (ca. 180 g)

4 Tomaten

3 Frühlingszwiebeln

2 EL Olivenöl

1 Bund gemischte Kräuter

Saft 1 Zitrone

Salz

Pfeffer

Honig

Zubereitung

1. Möhren waschen, Sellerie waschen, schälen, Rote Bete putzen; alles mit Reibscheibe der Küchenmaschine oder der Handreibe in Streifen raspeln.

2. Das Gemüse in eine Schüssel geben.

3. Paprika waschen, entkernen, Fruchthäute entfernen, würfeln. Tomaten waschen, würfeln. Frühlingszwiebeln abziehen, in Ringe schneiden. Kräuter abbrausen, hacken.

4. Alles zur Möhren-Sellerie-Mischung geben, vermischen.

5. Zitrone auspressen, Saft in eine kleine Schüssel geben, Olivenöl zufügen, verrühren. Würzen mit Salz, Pfeffer und Honig.

## Gurkensalat

Portionen: 1

Zutaten

1 Avocado

1 Knoblauchzehe

½ Zwiebel

½ Salatgurke

2 EL Kräuter nach Wahl

½ TL gehackter Dill

Salz

Muskat

<u>Zubereitung</u>

1. Salatgurke waschen, reiben. Zwiebel abziehen, würfeln. Knoblauch abziehen, fein würfeln.

2. Avocado halbieren, entsteinen, das Fruchtfleisch herauslösen, in eine Schüssel geben, mit einer Gabel zu einer cremeartigen Konsistenz verarbeiten.

3. Gurke, Zwiebel, Knoblauch zur Avocado geben.

4. Kräuter abbrausen, hacken, zur Gurken-Avocado-Mischung geben.

5. Würzen mit Salz. Mit Muskat pikant abschmecken, das Ganze mit Dill bestreuen.

**Linsensalat**

Portionen: 6

Dieser Salat ist nicht nur schmackhaft, sondern auch eine Vitaminbombe und ist nicht nur für die vegane Ernährungsweise geeignet. Er bereichert auch jedes Buffet beispielsweise bei einer Feier, auch wenn plötzlich Besuch vor der Tür steht, ergibt der Linsensalat in Verbindung mit Baguette oder Eiweißbrot eine schnell zubereitete Mahlzeit.

Zutaten

500 g rote Linsen

1 Bund Lauchzwiebeln

900 ml vegane Gemüsebrühe

4 Äpfel

6 Karotten

50 ml veganer Weißweinessig

35 ml Hanföl

150 ml Orangensaft

1 daumengroßes Stück Ingwer

100 g gehackte Nüsse

1 EL körniger Senf

Salz

Pfeffer

Zubereitung

1. Gemüsebrühe in einen Topf gießen, zum Kochen bringen, aufkochen lassen. Linsen zufügen, Topf mit Deckel versehen, bei

geringer Hitze 10 Minuten köcheln lassen, dann abgießen, abtropfen lassen, in eine Schüssel geben.

2. Lauchzwiebeln abziehen, in Ringe schneiden, zu den Linsen geben. Das Ganze abkühlen lassen.

3. Karotten waschen, evtl. schälen, mit dem Spiralschneider zu Julienne verarbeiten. Äpfel waschen, Kerngehäuse entfernen, stückeln.

4. Für das Dressing: Ingwer schälen, fein reiben, Orangensaft, Essig, Öl, Senf in den Mixer geben, mischen, Senf, Salz, Pfeffer zufügen, gut durchmixen.

5. Eine beschichtete Pfanne erhitzen, die Nüsse zufügen, rösten.

6. Äpfel und Karotten zur kalten Linsen-Zwiebel-Mischung geben, vermischen. Das Dressing über das Ganze gießen, gut durchmischen, mit Nüssen garnieren.

### Fenchelsalat

Portionen: 1

<u>Zutaten</u>

100 g Fenchelknolle

200 g frische Champignons

Obstessig

Rapsöl

Salz

Pfeffer

½ Bund Petersilie

Zubereitung

1. Pilze putzen. Fenchel gründlich waschen, beides in dünne Scheiben schneiden; funktioniert ganz gut mit dem Gurkeneinsatz der Küchenmaschine.

2. Fenchel- und Pilzscheiben in eine Schüssel geben, mischen.

3. Petersilie abbrausen, hacken, zur Mischung geben.

4. Essig, Salz, Pfeffer in eine Schüssel geben, verrühren, Öl zufügen, verrühren.

5. Das Dressing über die Pilz-Fenchel-Mischung geben, mischen.

### Salat mit Kichererbsen

Portionen: 2

Zutaten

2 Karotten

½ Salatgurke

2 Frühlingszwiebeln

1 roter Paprika

½ Zitrone

1 Dose Kichererbsen (Abtropfgewicht: 240 g)

Salz

Pfeffer

<u>Zubereitung</u>

1. Karotten waschen, in dünne Scheiben schneiden. Frühlingszwiebeln abziehen, in Röllchen schneiden. Gurke waschen, in Scheiben schneiden, die Scheiben in vier Teile schneiden. Paprika waschen, entkernen, Fruchthäute entfernen, in schmale Streifen schneiden. Zitrone auspressen, Saft auffangen.

2. Kichererbsen in ein Sieb schütten, abtropfen lassen.

3. Das Gemüse mit den Kichererbsen in eine Schüssel geben, würzen mit Salz, Pfeffer. Zitronensaft zufügen, das Ganze gründlich vermengen.

4. Einen Teil der Paprikastreifen zufügen, mischen, den Rest für die Garnitur verwenden.

## 8.3 Pizza, Flammkuchen, Quiche

In diesem Bereich bringen wir drei Länder zueinander: Italien, Frankreich und Belgien. Pizza, Flammkuchen und Quiche haben sich in den meisten Ernährungsplänen erfolgreich integriert. Auch bei diesen Köstlichkeiten muss es nicht immer Wurst, Fleisch oder Käse sein; es geht auch ohne tierische Produkte. Erleben Sie Pizza, Flammkuchen und Quiche vegan.

### Pizzaboden

Portionen: 1 Pizza

<u>Zutaten</u>

50 g Chiamehl

130 g Leinmehl

30 g Kokosmehl

200 ml heißes Wasser

½ Päckchen Backpulver

Salz

Olivenöl

<u>Zubereitung</u>

1. Backofen auf 200 °C vorheizen, Backrost.

2. Alle trockenen Zutaten in die Schüssel der Küchenmaschine geben, Öl und Wasser etappenweise zufügen.

3. Mit dem Knethaken gründlich verkneten, bis sich der Teig vom Knethaken löst.

4. Den Teig auf ein Blatt Backpapier geben, mit Klarsichtfolie abdecken, mit einem Nudelholz aus dem Teig einen Kreis rollen.

5. Frischhaltefolie abziehen, in den Teig Löcher stechen, das Backpapier mit dem Teig auf einen Backrost legen, in den Backofen schieben.

6. Im Ofen 12 Minuten backen.

7. Den Pizzaboden ganz nach Wunsch belegen, dann nochmals im Backofen 10 Minuten backen.

## Kichererbsen-Pizza

Portionen: 1 Pizza

Zutaten

10 g Dinkelmehl

80 g Kichererbsenmehl

50 g Topinambur

30 g Kokosmehl

½ TL Backpulver

Salz

120 ml Wasser

*Tomatensoße/Belag*

1 Tetrapack passierte Tomaten

Belag nach Wunsch

Zum Bestreuen 150 g veganen Käseersatz

Zubereitung

1. Backofen auf 200 °C vorheizen, Backblech mit Backpapier auslegen.

2. Topinambur waschen. Einen Topf mit Wasser zum Kochen bringen, Topinambur zufügen, garen.

3. Die gegarte Knolle in einen Mixer geben oder mit dem Pürierstab zu Püree verarbeiten.

4. Alle Mehle mit Backpulver, Salz in eine Schüssel geben, Wasser zufügen, das Ganze mit dem Stabmixer zu einer zähen Masse verarbeiten.

5. Die Masse auf dem Backblech verstreichen.

6. Im Backofen 10 Minuten vorbacken.

7. Den noch warmen Pizzaboden wenden, die passierten Tomaten auf dem Pizzaboden verteilen, nach Lust und Laune die Pizza belegen, mit Ersatzkäse bestreuen.

8. Die Pizza nochmals in den Ofen schieben, 15 Minuten fertig backen.

## Leinsamen-Pizzateig

Portionen:1 Pizzaboden

Zutaten

30 g Leinsamenmehl

15 g Kokosmehl

1 TL Chiasamen (ca. 5 g)

75 ml heißes Wasser

Salz

Zubereitung

1. Backofen auf 175 °C vorheizen, Backblech mit Backpapier auslegen.

2. Chiasamen, Kokosmehl und Leinsamenmehl mit Salz in eine Schüssel geben.

3. Das Wasser nach und nach zugießen, dabei das Ganze immer wieder verrühren.

4. Schüssel abdecken, Teig 15 Minuten ruhen lassen.

5. Eine Frischhaltefolie ausbreiten, Teig darauf geben, mit Backpapier abdecken, mit dem Nudelholz den Teig sehr dünn ausrollen.

6. Das Backblech über das Backpapier legen, das Ganze mit dem Teig umdrehen, die Frischhaltefolie entfernen.

7. Den Pizzaboden in den Backofen geben, 8 Minuten backen.

8. Den Boden nach Wunsch belegen.

9. Backofen auf 220 °C erhitzen, Pizza mit Belag in den Ofen schieben, 10 Minuten backen.

### Pizzaboden Grundrezept

Dieses Grundrezept eignet sich auch für die Herstellung von Wraps und Pizzabrot.

Portionen: 1 Pizza

Zutaten

*Für Chiagel*

500 ml Wasser

5 EL Chiasamen

*Für den Pizzaboden*

170 g veganer Pizzaschmelz

250 g Zucchini

80 ml Mandelsahne

20 g Meersalz

Pfeffer

2 EL Haferflocken

2 EL Haferkleie

Kräuter

<u>Zubereitung</u>

1. Für das Chiagel Wasser in ein Glas füllen, idealerweise in ein Glas mit Schraubverschluss. Chiasamen zufügen, immer wieder umrühren, jedenfalls in den folgenden 45 Minuten.

2. Zucchini waschen, raspeln, in ein Sieb geben, mit Salz bestreuen, 15 Minuten beiseitestellen.

3. Backofen auf 180 °C Umluft vorheizen, Backblech mit Backpapier auslege.

4. In eine hohe Schüssel das Chiagel geben, mit dem Stabmixer aufschlagen, Mandelsahne zufügen, weiter aufschlagen.

5. Käseersatz zufügen, mischen.

6. Kräuter abbrausen, hacken, zur Chia- Mandelsahne-Mischung

geben, mischen, Haferkleie und Haferflocken zufügen, das Ganze mit Pfeffer würzen, gut vermischen.

7. Zucchini auf Küchenkrepp geben, auspressen, bis kein Wasser mehr kommt. Nicht erschrecken, es bleibt nur noch eine kleine Menge Zucchini übrig. Diese in zur Chia-Haferkleie-Mischung geben, mit dem Mixer vom Stabmixer gut durcharbeiten, bis eine zähe Masse entstanden ist.

8. Diese Masse auf dem Backpapier verstreichen, Backblech in den Ofen schieben, 35 Minuten backen.

9. Das Blech mit dem Teig aus dem Ofen nehmen, die Teigplatte in Stücke zuschneiden, diese wenden und das Ganze nochmals für 20 Minuten im Ofen backen.

10. Die Backzeiten für Pizzabrot und Wraps unterscheiden sich natürlich. Wraps brauchen weniger Zeit im Backofen, wobei die erste Backzeit von 35 Minuten auch für Wraps stimmig ist; die Backzeit nach dem Wenden ist allerdings viel kürzer.

11. Bei Pizzabrot wird der Boden zu einer festen Masse verarbeitet, entweder formt man kleine Baguettes oder man verstreicht den Teig wie bei einer Pizza.

### Flammkuchen vegan

Portionen: 1 Flammkuchen

<u>Zutaten</u>

1 Portion Pizzateig (nach obigem Pizzaboden Grundrezept)

1 große Möhre

1 rote Zwiebel

½ Stange Lauch

½ Hokkaidokürbis

125 g Sojaquark

Olivenöl

1 TL Salz

1 TL Senf

¼ TL Pfeffer

etwas Muskat

Zubereitung

1. Pizzateig nach dem vorherigen Rezept zubereiten.

2. Zwiebel abziehen, in Streifen schneiden. Möhre waschen, evtl. schälen, stückeln. Lauch putzen, ebenfalls stückeln. Kürbis gründlich waschen, grob raspeln.

3. In eine beschichtete Pfanne Öl geben, erhitzen. Gemüse zufügen, 15 Minuten garen lassen, mit Salz, Pfeffer, Muskat würzen.

4. Backofen auf 200 °C vorheizen, Backblech mit Backpapier auslegen. Den Pizzateig zu einem Rechteck auf dem Backpapier verstreichen, mehrmals mit einer Gabel in den Teig stechen, im Ofen 8 Minuten vorbacken lassen.

5. Sojaquark in eine Schüssel geben, Senf zufügen, verrühren. Würzen mit Salz, Pfeffer, Muskat, vermischen.

6. Die Sojaquark-Mischung auf der Teigplatte verstreichen, das Gemüse darüber verteilen. Das Blech zurück in den Backofen schieben, 15 Minuten fertig backen.

### Quiche veganer Art

Portionen: 1 Quiche

Zutaten

1 Pizzateig (Rezept siehe Pizzaboden Grundrezept)

1 Aubergine

1 Knoblauchzehe

1 Zucchini

1 roter Paprika

1 Tomate

½ Zwiebel

2 Stiele Oregano

3 Stiele Basilikum

1 Stiel Thymian

Olivenöl

Salz

Pfeffer

65 g Kichererbsenmehl

10 g Hefeflocken

130 ml Wasser

Kurkuma

Kala Namak (etwa ½ TL)

Pfeffer

<u>Zubereitung</u>

1. Den Pizzateig nach dem Rezept Pizzaboden Grundrezept zubereiten.

2. Backofen auf 200 °C vorheizen. Den Boden einer Quicheform mit Backpapier auslegen, die Ränder einfetten.

3. Den Teig auf eine Frischhaltefolie legen, mit Backpapier abdecken, mit dem Nudelholz passend zum Boden der Form ausrollen. Den restlichen Teig in gleichgroße Streifen schneiden, daraus den Rand formen, fest andrücken.

4. Mit einer Gabel den Teig mehrmals einstechen, mit Öl bepinseln, in den Ofen schieben, 20 Minuten backen.

5. Zwiebel, Knoblauch abziehen, würfeln. Aubergine waschen. Tomaten waschen, vom Strunk befreien. Paprika putzen, entkernen, Fruchthäute entfernen. Zucchini waschen, alles stückeln.

6. Eine beschichtete Pfanne mit Öl erhitzen, Zwiebel, Knoblauch und das Gemüse zufügen, garen lassen.

7. Oregano, Thymian abbrausen, hacken, Basilikum abbrausen, Blättchen abzupfen.

8. Das Gemüse in der Pfanne mit Salz, Pfeffer, Paprika, Oregano und Thymian würzen.

9. Kichererbsenmehl in eine Schüssel geben, Hefeflocken zufügen, mischen. Kala Namak, Pfeffer, Kurkuma zugeben, vermischen. Wasser zugießen, das Ganze gut verrühren, dann 15 Minuten ruhen lassen.

10. Das vorbereitete Gemüse auf dem Boden der Quiche verteilen. Die Kichererbsenmischung wie einen Guss über das Ganze geben, etwas unterheben.

11. Die Quiche in den Backofen stellen, 30 Minuten fertig backen.

## Sojafreie Quiche

Portionen: 1 Quiche, ergibt 4 Portionen

Zutaten

*Boden*

75 g Reismehl

75 g Dinkelmehl

50 g Kartoffelmehl

½ Päckchen Backpulver

Salz

warmes Wasser

2 EL Olivenöl

*Füllung*

2 Zwiebeln

750 g TK-Brokkoli

Salz

*Soße*

100 ml Hafercreme Cuisine

100 gemahlene Cashewkerne

1 Knoblauchzehe

Kurkuma

1 EL Ahornsirup

1 TL getrockneter Oregano

1 TL Basilikum

Salz

Pfeffer

Wasser

Zubereitung

1. Alle Mehle mit Backpulver in eine Schüssel geben, mischen. Salz, Olivenöl zufügen, mischen, das warme Wasser etappenweise zugeben. Das Ganze mit dem Stabmixer zu einem glatten Teig verarbeiten. Schüssel abdecken und für 10 Minuten beiseitestellen.

2. Backofen auf 200 °C vorheizen, den Boden einer Quicheform mit Backpapier auslegen, den Rand einfetten.

3. Den Teig zwischen zwei Blättern Backpapier mit einem Nudelholz ausrollen, in die Form geben, einen Rand bilden.

4. Brokkoli auftauen. Zwiebel abziehen, würfeln.

5. In einem Topf Salzwasser zum Kochen bringen, Brokkoli zufügen, kurz blanchieren, in ein Sieb geben, abtropfen lassen.

6. Zwiebel und Brokkoli in eine Schüssel geben, mischen, mit Salz würzen.

7. Die Gemüsemischung auf dem Teigboden verteilen.

8. Für die Soße Hafercreme Cuisine in eine Schüssel geben, Knoblauch abziehen, zur Hafercreme pressen, vermischen. Cashewkerne, Ahornsirup zufügen, alles vermischen.

9. Die Kräuter mit Kurkuma zufügen, mischen. Würzen mit Salz, Pfeffer. Bei Bedarf etwas Wasser zugeben.

10. Die Hafercrememischung über das Gemüse verteilen.

11. Im Backofen die Quiche 30 Minuten backen lassen.

## 8.4 Low Carb vegan backen

### Proteinbrot

Portionen: 1 Brot

Zutaten

100 g Leinsamenschrot

300 g Sojajoghurt

100 g gemahlene Cashewkerne

8 EL Sojamehl

4 EL Weizenkeime

8 EL Wasser

1 TL Salz

1 Päckchen Backpulver

Zubereitung

1. Backofen vorheizen au 175 °C (Umluft 150 °C). Kastenform mit Wasser bestreichen, mit Weizenkeimen bestreuen.

2. Leinsamenschrot, Weizenkeime, Cashewkerne in eine Schüssel geben, Backpulver zufügen, mischen.

3. Sojamehl in eine kleine Schüssel geben, Wasser zugießen, vermischen.

4. Die Sojamehlmischung mit dem Sojajoghurt zur Mehlmischung geben, vermengen.

5. Salz zugeben, mit dem Knethaken vom Stabmixer zu einem glatten Teig verarbeiten.

6. Den Teig in die Kastenform füllen, im Backofen 50 Minuten backen. In der Form 10 Minuten auskühlen, dann auf ein Gitter stürzen, auskühlen lassen.

## Leinsamenbrot

Portionen: 1 Brot

<u>Zutaten</u>

350 g Weizengluten

450 Leinsamenmehl

500 ml warmes Wasser

2 Päckchen Trockenhefe

1 TL Brotgewürzmischung

1 TL Salz

<u>Zubereitung</u>

1. Backofen auf Umluft 75 °C vorheizen, Backblech mit Backpapier auslegen.

2. Leinsamenmehl, Weizengluten, Trockenhefe, Salz und Gewürzmischung in eine Schüssel geben, gründlich vermischen.

3. Wasser nach und nach zugießen, das Ganze mit dem Knethaken der Küchenmaschine oder dem Stabmixer zu einem festen Teig verarbeiten.

4. Den Teig mit den Händen nochmals kräftig durchkneten; einen Brotlaib formen, diesen auf das Backblech legen.

5. Das Backblech in den Backofen schieben und den Laib 60 Minuten gehen lassen.

6. Danach die Temperatur auf 160 °C hochdrehen, das Brot 60 Minuten backen.

## Veganes Brot

Portionen: 1 Brot

<u>Zutaten</u>

450 ml warmes Wasser

200 g Gluten

50 g Sojamehl

70 g Leinsamenmehl

45 g Leinsamen

45 g Chiasamen

45 g Sesam

45 g Sonnenblumenkerne

10 g Salz

10 g Zucker

2 Päckchen Trockenhefe

Brotgewürzmischung

<u>Zubereitung</u>

1. Backofen auf 200 °C vorheizen, 1 Kastenform einfetten.

2. Gluten, Mehle, Trockenhefe, Zucker, Salz, Sonnenblumenkerne, Leinsamen, Chiasamen, Sesam, Brotgewürzmischung in
   die Schüssel der Küchenmaschine oder eine andere Schüssel
   geben.

3. Die Zutaten gut vermischen, auf einen Schlag das Wasser zugießen, mit dem Knethaken das Ganze zu einem glatten Teig
   verarbeiten.

4. Den Teig in die Kastenform füllen, diese abdecken, an einen
   warmen Ort stellen, 45 Minuten ruhen lassen.

5. Im Backofen 60 Minuten backen. Das Brot aus der Form nehmen, mit der Unterseite nach oben auf den Rost legen, weitere
   5 Minuten backen lassen.

### Weißbrot vegan

Portionen: 1 Brot

Zutaten

200 ml Wasser

90 g Gluten

25 g Sauerteig

45 g Sojamehl

2 ½ g Guarkernmehl

45 g Eiweißpulver, vegan (Eiweiß: 90 %)

10 g Trockenhefe

1 TL Salz

25 g Sonnenblumenkerne

3 TL Olivenöl

Zubereitung

1. Backofen auf 50 °C vorheizen, ein Backblech mit Backpapier auslegen.

2. Alle trockenen Zutaten mit dem Öl in eine Schüssel geben, mischen.

3. Die Hälfte vom Wasser zufügen, vermischen, die weiteren 100 ml Wasser in zwei Etappen zugießen, alles gut vermischen.

4. Den fest gewordenen Teig nochmals mit den Händen durch-kneten, einen Brotlaib formen, auf das Backblech setzen.

5. Backofen ausschalten, Backblech in den Ofen schieben, das Ganze 60 Minuten ruhen lassen.

6. Backofen auf 200 °C aufheizen, das Brot 40 Minuten backen.

## Proteinschnitten

Portionen: 1

Zutaten

300 ml kaltes Wasser

70 g Sesam

70 g gehackte Mandeln

50 g Mandelmehl

45 g Chiasamen

20 g Sojamehl

20 g Flohsamenschalen

10 g Kokosmehl

1 TL Salz

zum Bestreuen: 10 g Sesam

Zubereitung

1. 180ml kaltes Wasser in ein Glas geben, Chiasamen zufügen, gut vermischen, in der ersten halben Stunde öfters umrühren; das Ganze 60 Minuten quellen lassen.

2. Das Chiagel in eine Schüssel geben, alle anderen Zutaten zufügen, vermischen, mit dem Knethaken der Küchenmaschine oder vom Stabmixer durchkneten, bis der Teig eine zähe Konsistenz erreicht hat. Schüssel abdecken. 15 Minuten ruhen lassen.

3. Backofen auf 180 °C vorheizen, Backblech mit Backpapier auslegen.

4. Den Teig auf das Backblech geben, nicht zu dünn ausrollen.

5. Auf der Oberfläche vom Teig Sesam verteilen.

6. Mit dem Stiel von Löffel oder Gabel die Einteilung vom Teig vornehmen. Dazu drückt man mit dem Löffelstiel in den Teig das Muster, das man später ausschneiden will.

7. In den Ofen eine feuerfeste Schüssel mit Wasser stellen, das Blech in den Ofen schieben, 60 Minuten backen.

8. Die noch warme Teigplatte entsprechend den Linien ausschneiden, die Schnitten abkühlen lassen.

### Pflaumenkuchen

Dieser Kuchen wird zwar nicht gebacken, doch wir haben ihn unter „Backen" platziert, weil man bei Kuchen immer unter Backen sucht. Lassen Sie sich von diesem außergewöhnlichen Kuchen überraschen! Alle Zutaten sind in Bioqualität.

Portionen: 1 Kuchen

Zutaten

*Boden*

200 g geschälte gemahlene weiße Mandeln

120 g Möhren

50 g glutenfreie Haferflocken

80 g entsteinte Datteln

1 EL Kokosöl

1 TL Zitronensaft

½ TL Kurkumawurzel

Kristallsalz

*Creme*

50 g weiße gemahlene Mandeln

2 Bananen

1 TL Flohsamenschalenpulver

1 TL Yaconsirup

1 EL Zitronensaft

*Topping*

100 g Sojajoghurt

100 Sojasauerrahm

50 g Sojaschlagsahne

Kardamom

Zitronensaft

Salz

1 TL Yaconsirup

Zimt

½ TL Vanillemark in Pulverform

*Belag*

12 süße Pflaumen

Zubereitung

1. Pflaumen waschen, entsteinen, in 4 Streifen schneiden.

2. Möhren warm abspülen, reiben, auf Küchenkrepp legen, ausdrücken.

3. Kurkuma reiben, Bananen schälen.

4. Für den Boden alle Zutaten in den Mixer füllen, eine gute halbe Minute mixen. Auf eine rechteckige Platte die Masse geben, in Form bringen, in den Kühlschrank stellen.

5. Für die Creme alle Zutaten auf einmal in den Mixer geben, das Ganze gut durchmixen, in eine Schüssel geben.

6. Topping: In eine Schüssel alle Zutaten geben, verrühren, würzen und abschmecken. Die Schüssel in den Kühlschrank stellen.

7. Die Platte mit dem Kuchenboden aus dem Kühlschrank holen, die Creme auf dem Boden verteilen.

8. Auf die Creme die Pflaumen dicht an dicht legen, das Ganze nochmals in den Kühlschrank stellen und mindestens 2 Stunden ruhen lassen.

9. Mit der Creme den Kuchen garnieren und genießen.

**Käsekuchen ganz vegan**

Portionen: 1 Kuchen

Zutaten

500 g Sojajoghurt

125 g Pflanzenmargarine

50 g Agavendicksaft

400 g Seidentofu

75 g Speisestärke

1 Päckchen Puddingpulver, Vanillegeschmack

½ Zitrone

¼ TL gemahlene Vanille

Margarine

Semmelbrösel

Zubereitung

1. Backofen auf 175 °C vorheizen, Springform mit Margarine einfetten, mit Semmelbröseln bestreuen.

2. Zitrone auspressen, Saft auffangen.

3. Alle Zutaten mit dem Zitronensaft in die Schüssel der Küchenmaschine oder eine andere hohe Schüssel geben, mit dem Schneebesen zu einer glatten Masse ohne Klümpchen verarbeiten.

4. Die Masse in die Springform füllen, die Oberseite glatt streichen, im Ofen 60 Minuten backen.

5. Dann den Herd ausschalten, den Kuchen im Ofen auskühlen lassen.

## Aprikosenkuchen

Portionen: 1 Kuchen

<u>Zutaten</u>

*Teig*

100 g gemahlene Mandeln

100 g Kokosblütenzucker

100 Pflanzenmargarine

250 Dinkelvollkornmehl

1 Päckchen Vanillezucker

4 EL Sojamilch

*Füllung*

100 g getrocknete Aprikosen

30 g Rosinen

3 Bananen

1 Orange

Kokosflocken

<u>Zubereitung</u>

1. Backofen auf 180 °C vorheizen, den Boden einer Springform mit Backpapier auslegen, die Seiten einfetten.

2. Etwas Wasser in eine Schüssel geben, Rosinen zufügen, einweichen.

3. Mandeln, Mehl, Vanillezucker, Margarine, Zucker, Sojamilch auf eine bemehlte Arbeitsfläche geben, das Ganze zu einem Mürbteig verarbeiten. In Folie einwickeln, in den Kühlschrank legen, 60 Minuten ruhen lassen.

4. Aprikosen stückeln, Orange auspressen, Saft auffangen, Schale abreiben.

5. Orangensaft in einen Topf geben, Aprikosen, Orangenschale zufügen, weich köcheln lassen.

6. Bananen schälen, in Scheiben schneiden. Rosinen in ein Sieb schütten, abtropfen lassen. Beides zu den Aprikosen geben, mischen.

7. Sollte die Masse zu weich sein, gemahlene Mandeln zum Verdicken zufügen.

8. Den Teig aus dem Kühlschrank holen, halbieren. Die eine Hälfte zwischen zwei Blättern Backpapier zu einem Kreis ausrollen, wobei der Kreis etwas größer sein sollte als die Springform. Den Teig in die Form geben, einen Rand einarbeiten.

9. Die Bananen-Aprikosen-Mischung auf den Teig geben.

10. Den restlichen Teig ausrollen, auf die Mischung geben, mehrmals mit einer Gabel einstechen.

11. Sojamilch in ein Schälchen füllen, mit einem Backpinsel damit die Oberseite des Kuchens einpinseln, mit Kokosflocken bestreuen.

12. Den Kuchen in den Ofen stellen, 30 Minuten backen.

## Muffins mit Zitronengeschmack

Portionen: 1 Muffinform mit 18 Förmchen

Zutaten

240 g Erythrit

100 g Kokosöl

100 g Kokosmehl

80 g Sojamehl

10 g Gluten

20 g Leinsamenmehl

4 EL Zitronensaft

1 TL Zitronenschale

2 EL Weinsteinbackpulver

1 EL Apfelessig

375 ml Wasser

für den Guss etwas Zitronensaft

Zubereitung

1. Backofen auf Umluft 180 °C vorheizen, Papierförmchen in die Muffinform legen.

2. Alle Mehle, Gluten, 140 g Erythrit, Zitronenschale, Backpulver in eine Schüssel geben, mischen.

3. Kokosöl, Apfelessig, Zitronensaft, Wasser zufügen. Alles kurz, aber kräftig durchmischen.

4. Den Teig in die Förmchen der Muffinform verteilen.

5. Die Form in den Ofen stellen, 30 Minuten backen.

6. 100 g Erythrit mit etwas Zitronensaft vermischen, über die kalten Muffins geben.

### Bananenmuffins

Portionen: 1 Muffinform mit 18 Förmchen

Zutaten

150 ml Olivenöl

100 g Eiweißpulver, Vanillegeschmack

50 g Kokosblütenzucker

50 g Eiweißmehl

50 g Kokosmehl

3 Bananen

1 Apfel

1 Päckchen Backpulver

Salz

etwas Mineralwasser

<u>Zubereitung</u>

1. Backofen auf 150 °C vorheizen, Muffinform mit Papierförmchen auslegen.

2. Bananen schälen, grob zerkleinern, in eine Schüssel geben.

3. Apfel entkernen, evtl. schälen, würfeln.

4. Zu den Banen Öl und Kokosblütenzucker geben, mit dem Stabmixer zu Püree verarbeiten.

5. Mehl, Salz, Backpulver zufügen, gut mit der Bananen-Zucker-Mischung vermischen. Etwas Mineralwasser zufügen, nochmals durchmixen.

6. Die Apfelwürfel zugeben, unterheben.

7. Den Teig auf die Muffinformen verteilen, 25 Minuten backen.

## 8.5 Snacks, süße Träume und kleine Gerichte

In diesem Bereich finden Sie Rezepte für den kleinen Hunger, beispielsweise für unterwegs, für Desserts oder für ein Frühstück. Lassen Sie sich überraschen, was die vegane Küche für Sie bereithält.

**Snack vegan**

Portionen: 6

<u>Zutaten</u>

1 Dose Kichererbsen (Abtropfgewicht: 400 g)

Rapsöl

1 TL gemahlener Kreuzkümmel

1 TL Cayennepfeffer

1 TL rosenscharfes Paprikapulver

1 TL Knoblauchgranulat

1 TL Salz

Zubereitung

1. Kichererbsen aus der Dose in ein Sieb schütten, mit kaltem Wasser abspülen, dann abtropfen lassen.

2. Die Erbsen auf Küchenkrepp oder Geschirrtuch ausbreiten, abdecken, einige Stunden trocknen lassen.

3. Backofen auf 190 °C vorheizen, 1 Backblech mit Backpapier auslegen.

4. Die Kichererbsen auf dem Backpapier verteilen, das Blech in den Ofen schieben, 35 Minuten backen, während dieser Zeit immer wieder das Backblech rütteln.

5. Cayennepfeffer, Knoblauch, Kreuzkümmel, Salz und Paprika geben, mischen.

6. Die fertigen Kichererbsen in eine Schüssel schütten, etwas Öl über die Erbsen träufeln, mischen.

7. Die Gewürzmischung zu den Kichererbsen geben, das Ganze durch durchmischen, abkühlen lassen.

## Arme Ritter ganz vegan

Portionen: 12

<u>Zutaten</u>

500 ml Mandelmilch

12 Scheiben veganes Toastbrot

1 TL Zucker

1 TL Zimt

Olivenöl

<u>Zubereitung</u>

1. Mandelmilch in eine Schüssel gießen, Zucker und Zimt zufügen, mischen.

2. Eine beschichtete Pfanne erhitzen.

3. Die Toastbrotscheiben in der Mandelmilch wälzen, dann in die Pfanne geben, goldbraun braten.

### Rührei

Portionen: 2

<u>Zutaten</u>

200 g weißer Tofu

1 Frühlingszwiebel

1 Knoblauchzehe

1 feste Tomate

1 kleines Stück Ingwer

2 Stiele Basilikum

1 EL Olivenöl

5 g Kurkumapulver

½ TL Meersalz

schwarzer Pfeffer

Zubereitung

1. Tofu auf Küchenkrepp legen, trocken tupfen, in eine Schüssel geben, zerkrümeln.

2. Tomaten waschen, halbieren, Strunk und Kerne entfernen, würfeln.

3. Frühlingszwiebel abziehen, in Ringe schneiden. Knoblauch abziehen, durch die Presse pressen. Ingwer schälen, reiben.

4. In eine beschichtete Pfanne Öl geben, erhitzen. Knoblauch, Zwiebel, Ingwer und Tomate zufügen, andünsten.

5. Tofu zufügen, mischen, 2 Minuten köcheln lassen.

6. Das Ganze mit Salz, Pfeffer würzen und mit Kurkuma pikant abschmecken.

7. Basilikum abbrausen, Blättchen abzupfen, über dem „Rührei" verteilen.

## Sandwich mit Schokogeschmack

Portionen: 1 Blech

Zutaten

75 g Leinsamenschrot

70 ml warmes Wasser

5 g Kokosmehl

7 g Chiasamen

1 TL Inulin

Salz

2 EL ungesüßten Kakao

1 reife Avocado

1 EL Kokosöl

1 TL Ahornsirup

Zimt

etwas Vanillepulver

etwas Limettensaft

Zubereitung

1. Backofen auf 200 °C vorheizen, Backblech mit Backpapier auslegen.

2. Wasser in ein Glas gießen. Chiasamen zufügen, mischen, 15 Minuten ruhen lassen.

3. Das Chiagel in eine Schüssel geben, Leinsamen, Salz, Kokosmehl, Inulin mischen, zum Chiagel geben, vermischen, 5 Minuten ruhen lassen.

4. Aus dem Teig 12 Kugeln formen, diese mit den Händen zu flachen Fladen oder Talern formen, auf dem Backblech verteilen.

5. Im Ofen 10 Minuten backen.

6. Für die Creme die Avocado entsteinen, Fruchtfleisch auslösen, in eine Schüssel geben, mit dem Pürierstab pürieren. Kakao zufügen, mischen. Limettensaft und Ahornsirup zugeben, mischen.

7. Kokosöl in der Mikrowelle schmelzen lassen, zur Avocadomischung zufügen, das Ganze zu einer glatten Masse verarbeiten.

8. Die Fladen oder Taler aus dem Backofen nehmen, abkühlen lassen.

9. Auf die eine Hälfte der Taler die Creme geben, die andere Hälfte auf die Schokotaler legen.

10. Die Sandwiches in den Kühlschrank legen, die Creme fest werden lassen.

### Pancakes veganer Art

Portionen: 1

<u>Zutaten</u>

300 ml Sojamilch

20 g Haferflocken

30 g Weizenmehl

20 g gemahlene Haselnüsse

30 g Proteinpulver, vegan

10 g Sojamehl

7 g Johannisbrotkernmehl

2 - 3 g Backpulver

Kokosblütenzucker nach Bedarf

Pflanzenmargarine

Zubereitung

1. Sojamilch in eine Schüssel gießen, Proteinpulver zufügen, vermischen.

2. Haferflocken mahlen.

3. Haferflocken, Weizenmehl, Haselnüsse, Backpulver, Kokosblütenzucker zur Sojamilchmischung geben, mit dem Mixer das Ganze gut durchmixen.

4. Zur Haferflockenmischung Johannisbrotkernmehl zugeben, nochmals gut durchmixen.

5. In eine beschichtete Pfanne etwas Margarine geben, schmelzen lassen.

6. Die Masse portionsweise nacheinander in die Pfanne geben, in der Pfanne zu einem Pancake verteilen, backen. Dann wenden, nochmals backen.

### Eiweiß-Pancakes

Portionen: 2

Zutaten

520 ml Sojamilch

180 g Dinkelmehl

120 g entöltes weißes Mandelmehl

1 Päckchen Weinsteinbackpulver

1 Päckchen Vanillezucker

3 EL veganes Proteinpulver

3 EL Xylit

1 EL Apfelessig

1 - 2 Tropfen Rumaroma

Zimt

3 EL Apfelmus

Olivenöl

Zubereitung

1. Alle Mehle, Proteinpulver, Vanillezucker, Backpulver, Zimt, Xylit in eine Schüssel geben, vermischen.

2. Sojamilch, Rumaroma, Apfelessig in eine zweite Schüssel geben, das Ganze gut durchmixen.

3. Apfelmus zufügen, nochmals mixen.

4. Die Sojamilch-Apfelmus-Mischung zur Mehlmischung geben, das Ganze mit dem Mixer oder Stabmixer gut durchmixen.

5. In eine beschichtete Pfanne Öl geben, erhitzen. Die Masse portionsweise in die Pfanne geben, in der Pfanne zu Pancakes verteilen, braten.

### Soja-Kaffee-Creme

Portionen: 2

Zutaten

300 g Sojaquark

4 EL Sojamilch

45 g Kokosblütenzucker

3 EL Instantkaffee

2 TL Zimt

Kardamom

Nelken

Vanillemark

ungesüßtes Kakaopulver

Sojasahne

<u>Zubereitung</u>

1. Sojamilch in einen Topf gießen, Kokosblütenzucker, Kaffee-pulver zufügen, das Ganze verrühren, auf den Herd stellen, er-hitzen. Das Kaffeepulver auflösen.

2. Den Inhalt in eine Schüssel geben, Sojaquark zufügen, unter-heben.

3. Mit dem Schneebesen die Kaffee-Quark-Mischung gründlich mischen.

4. Nelkenpulver, Kardamom, Vanillemark, Zimt zufügen, ver-rühren.

5. Die Creme in den Kühlschrank stellen, 2 Stunden ruhen lassen.

6. Garnieren mit Sojasahne und Kakaopulver.

**Schwarzwälder Creme**

Portionen: 1

<u>Zutaten</u>

100 ml Sojamilch

10 g Erythrit

30 g Proteinpulver, Schokoladegeschmack

5 g Kakao

100 g TK-Kirschen

2 g Xanthan

zum Garnieren: Schokoladenraspeln, Kirsche

Zubereitung

1. Kirschen auftauen lassen, in eine Schüssel geben, 50 ml Sojamilch und Erythrit zufügen, das Ganze mit dem Pürierstab zu Püree verarbeiten.

2. Proteinpulver zufügen, mischen. Kakao zugeben, das Ganze mit dem Handrührgerät zu einer einheitlichen Masse verarbeiten.

3. Nach und nach die restliche Sojamilch zufügen, mischen. Xanthan zugeben, das Ganze mit dem Schneebesen der Küchenmaschine oder dem Handrührgerät gute 10 Minuten aufschlagen.

4. Die Creme in ein Schälchen füllen, mit Kirschen und Schokoraspeln garnieren.

**Eis vegan**

Portionen: 2

Zutaten

3 Datteln

3 reife Bananen

Zubereitung

1. Bananen schälen, stückeln, in Gefrierbeutel füllen, in den Gefrierschrank legen, 3 Stunden ruhen lassen.

2. Danach die Bananen antauen lassen, in einen Mixer geben, Datteln zufügen, beides im Mixer zu einer cremigen Masse verarbeiten.

3. In Schälchen füllen und genießen.

## Pudding mit Kakaogeschmack

Portionen: 4

<u>Zutaten</u>

1 EL entöltes Kakaopulver

500 ml ungesüßte Sojamilch

1 TL Guarkernmehl

1 Fläschchen Vanillearoma

Erythrit

<u>Zubereitung</u>

1. Sojamilch in einen Topf gießen, Guarkernmehl in ein Sieb geben, langsam und unter Rühren mit dem Schneebesen zur Sojamilch sieben, das Ganze 15 Minuten ruhen lassen.

2. Erythrit zufügen, mischen, Vanillearoma und Kakao zugeben, alles gründlich mischen.

3. Den Topf auf den Herd stellen, Herd einschalten, bei geringer Hitze und unter ständigem Rühren das Ganze langsam erhitzen.

4. Den Pudding in Schälchen füllen und servieren. Der Pudding schmeckt kalt und warm gleichermaßen gut.

## Pudding mit Schokogeschmack

Portionen: 2

Zutaten

250 ml ungesüßte Kokosmilch

3 TL Backkakao

1 TL Agar-Agar

1 TL Erythrit

Zubereitung

1. Kokosmilch in einen Topf gießen, Kakao und Agar-Agar zugeben, unter ständigem Rühren das Ganze aufkochen lassen.

2. Hitze reduzieren und die Mischung 2 Minuten köcheln lassen.

3. Wer möchte, kann weitere Aromen zufügen.

4. Den fertigen Pudding in Schälchen füllen, im Kühlschrank 2 Stunden ruhen lassen.

## Mandelpudding

Portionen: 1

Zutaten

250 ml Mandelmilch

35 g Puddingpulver, Vanillegeschmack

30 g gemahlene Mandeln

3 EL gehackte Mandeln

1 EL Erythrit

<u>Zubereitung</u>

1. Mandelmilch in einen Topf gießen, aufkochen lassen.

2. Vanillepuddingpulver, gemahlene Mandeln und Erythrit unter ständigem Rühren einrieseln lassen.

3. Den Topf vom Herd nehmen, nochmals gründlich durchrühren.

4. In Schälchen füllen, mit gehackten Mandeln garnieren.

### Kokosbälle

Portionen: 30 Bällchen

<u>Zutaten</u>

200 ml Kokosmilch

130 g Kokosraspeln

100 g gemahlene blanchierte Mandeln

50 g Whey Proteinpulver, Vanillegeschmack

<u>Zubereitung</u>

1. Kokosmilch in eine Schüssel gießen, 100 g Kokosraspeln, Mandeln und Proteinpulver zufügen, das Ganze mit dem Schneebesen vom Handrührgerät vermischen.

2. Schüssel abdecken, im Kühlschrank 60 Minuten ruhen lassen.

3. Aus dem Teig 30 Bällchen formen (geht super mit einem Tee-löffel und beiden Handflächen).

4. Die restlichen Kokosraspeln in einen tiefen Teller geben, die Bällchen darin wälzen.

5. Servieren und genießen, den Rest im Kühlschrank aufbewah-ren.

### Bratapfel

Portionen: 1

Es ist zwar noch nicht Weihnachten, doch wir konnten diesem Rezept nicht widerstehen. Sie vielleicht auch nicht!

<u>Zutaten</u>

1 Apfel

10 g Agavendicksaft

15 g Sojaflocken

15 g veganes Proteinpulver

10 g Rosinen

Zimt

<u>Zubereitung</u>

1. Apfel waschen, Kerngehäuse entfernen, die Mitte etwas aus-höhlen.

2. Sojaflocken, Proteinpulver in eine Schüssel geben, mischen. Rosinen und Agavendicksaft zufügen, mischen, mit Zimt abschmecken.

3. Die Mischung in die Aushöhlung füllen.

4. Backofen auf 200 °C vorheizen, Backblech mit Backpapier auslegen, den Apfel auf das Backblech setzen, 20 Minuten backen.

### Porridge mit Nüssen

Portionen: 4

<u>Zutaten</u>

400 ml Kokosmilch

150 g Nüsse nach Wahl

150 g Cashewkerne

2 TL Ahornsirup

100 g Beeren nach Wahl

1 TL Zimt

<u>Zubereitung</u>

1. Nüsse und Cashewkerne in eine Schüssel mit Wasser geben, über Nacht einweichen lassen.

2. In ein Sieb schütten, unter kaltem fließendem Wasser abspülen.

3. Nüsse, Cashewkerne mit Ahornsirup, Zimt und Kokosmilch in einen Mixer füllen, zu einer gleichmäßigen Masse pürieren.

4. Mit Beeren servieren.

### Porridge mal herzhaft

Portionen: 1

<u>Zutaten</u>

60 g Haferflocken, glutenfrei

350 ml Waser

1 TL weißes Mandelmus

Kristallsalz

Salz

schwarzer Pfeffer

Nüsse, Kürbiskerne oder Himbeeren zum Garnieren

<u>Zubereitung</u>

1. Wasser in einen Topf gießen, Salz zufügen, das Ganze zum Kochen bringen, aufkochen lassen.

2. Haferflocken zufügen, Temperatur zurückdrehen, 5 Minuten köcheln.

3. Die Haferflocken in eine Schüssel geben, Mandelmus zufügen, mischen, abkühlen.

4. Abschmecken mit Salz, Pfeffer; garnieren mit Nüssen, Kernen und Himbeeren.

## Porridge mal süß

Portionen: 1

Zutaten

60 g Haferflocken, glutenfrei

350 ml Waser

1 TL Vanillepulver

1 TL Spirulina

Salz

Nüsse, Beeren zum Garnieren

3 EL Xylitol

Zubereitung

1. Wasser in einen Topf gießen, Salz zufügen, das Ganze zum Kochen bringen, aufkochen lassen.

2. Haferflocken zufügen, Temperatur zurückdrehen, 5 Minuten köcheln.

3. Die Haferflocken in eine Schüssel geben, Mandelmus zufügen, mischen, abkühlen.

4. Vanillepulver, Spirulina zufügen, mischen. Xylitol zufügen, mischen. Nüsse, Beeren und Kerne zugeben, mischen.

## Sojamilchreis

Portionen: 1

<u>Zutaten</u>

150 ml Sojamilch

250 g Konjakreis

½ TL Konjakmehl

100 g Obst nach Wahl

2 EL Erythrit

½ Vanilleschote

½ TL Zimt

<u>Zubereitung</u>

1. Den Reis aus der Verpackung in ein Sieb schütten, unter fließendem Wasser gründlich abspülen.

2. Sojamilch in eine Schüssel gießen, Konjakmehl zufügen, vermischen.

3. Zur Sojamilch den Konjakreis geben, das Ganze in einen Topf schütten, auf dem Herd bei mittlerer Hitze 3 Minuten köcheln lassen.

4. Den Milchreis mit dem Mark der Vanilleschote, Zimt süßen.

5. Mit vorbereitetem Obst servieren.

## Müsli vegan

Portionen:1

<u>Zutaten</u>

2 EL Dinkelkleie

2 EL Leinsamenschrot

1 EL Kakaonibs

1 EL TK-Beeren

1 EL Sojaflocken

150 ml Mandelmilch oder Kokosmilch

1 TL gehackte Mandeln

Kokosblütenzucker

<u>Zubereitung</u>

1. Kokosblütenzucker und Mandelmilch in eine Schüssel geben, Zucker auflösen.

2. Dinkelkleie, Leinsamenschrot zur Mandelmilch geben, 1 Minute ruhen lassen.

3. Sojaflocken, Kakaonibs, Mandeln zufügen, das Ganze gut vermischen.

4. Beeren unter das Ganze mischen.

## Pesto aus Roter Bete

Portionen: 5

<u>Zutaten</u>

1 Rote Bete

40 ml Sonnenblumenöl

1 EL veganer Weißweinessig

60 g ungesalzene Erdnüsse

2 Zitronen

1 Knoblauchzehe

1 TL Agavendicksaft

1 Zweig Rosmarin

Salz

Pfeffer

<u>Zubereitung</u>

1. Rote Bete gründlich putzen, schälen, stückeln.

2. Wasser in einen Topf gießen, Rote Bete zufügen, das Ganze 10 Minuten kochen.

3. Rosmarin abbrausen, klein schneiden.

4. Eine beschichtete Pfanne erhitzen, Erdnüsse und Rosmarin zufügen, rösten.

5. Die Rote Bete mit dem Kochwasser in eine Schüssel geben; Rosmarin, Erdnüsse zufügen, mit dem Pürierstab pürieren.

## Veganer Schokoaufstrich

Portionen: 1 Glas

Zutaten

200 g Seidentofu

15 g Proteinpulver (Cream-Proteinpulver)

15 g Kakaopulver

2 TL flüssiger Süßstoff

1 g Konjakmehl

5 Tropfen Vanillearoma

Zitronensaft

Zubereitung

1. Seidentofu in eine Schüssel geben, mit dem Pürierstab zu Püree verarbeiten.

2. Süßstoff, Zitronensaft, Vanillearoma zufügen, mischen.

3. Proteinpulver zugeben, mit dem Schneebesen unterrühren, Kakao und Konjakmehl zufügen, unterrühren.

4. Das Ganze gründlich verrühren, darauf achten, dass sich keine Klümpchen bilden.

## Mandelcreme

Portionen: 1 Glas

Zutaten

140 g Wasser

100 g geschälte Mandeln

60 g Kokosöl

Zubereitung

1. Das Wasser in eine Schüssel gießen, die Mandeln zufügen, Schüssel abdecken, das Ganze über Nacht ruhen lassen.

2. Kokosöl über Nacht aus dem Kühlschrank nehmen, damit es geschmeidig wird.

3. Mandeln in ein Sieb schütten, abspülen, in einen Mixer füllen. Kokosöl zugeben, das Ganze 2 Minuten auf höchster Stufe mixen, bis eine cremige Konsistenz entstanden ist.

4. Die Creme in ein Glas füllen, Deckel auf das Glas schrauben, die Creme im Kühlschrank 2 Tage ruhen lassen.

### Frischkäse vegan

Portionen: 4

Zutaten

250 g Cashewkerne

100 ml Sojamilch

5 EL pflanzliche Margarine

4 EL Edelhefeflocken

2 TL Salz

1 EL Zitronensaft

schwarzer Pfeffer

Zubereitung

1. Am Vortag Wasser in eine Schüssel gießen, Cashewkerne zufügen, einweichen lassen.

2. Cashewkerne in ein Sieb schütten, kurz abtropfen lassen.

3. Sojamilch mit den Cashewkernen, Edelhefeflocken, Margarine und Zitronensaft in einen Mixer geben, das Ganze zu einer cremigen Konsistenz verarbeiten.

4. Mit Salz, Pfeffer würzen.

## Zaziki

Portionen: 4

Zutaten

600 g Seidentofu

2 Salatgurken

4 Knoblauchzehen

1 TL Kristallsalz

schwarzer Pfeffer

4 EL Olivenöl

4 EL Zitronensaft

2 EL Weißweinessig

2 EL Dill

Zubereitung

1. Tofu in eine Schüssel geben, grob zerbröseln.

2. Knoblauch abziehen, hacken. Gurke waschen, halbieren, mit einem Löffel die Kerne herausschälen, die Gurke raspeln, auf einen Küchenkrepp geben, auspressen. Dann in ein Sieb geben, mit Salz bestreuen, 30 Minuten ruhen lassen. Nach der Ruhephase den restlichen Saft auspressen.

3. Tofu, Knoblauch, mit Öl, Essig, Zitronensaft, Salz in einen Mixer geben, zu einer cremigen Konsistenz verarbeiten.

4. Dill abbrausen, hacken, mit der Gurke ebenfalls in den Mixer geben. Pfeffer zufügen, das Ganze nochmals vermischen.

5. Mit Salz abschmecken, in eine Schüssel füllen, im Kühlschrank 2 - 3 Stunden ruhen lassen.

## Kräuterbutter

Portionen: 1

Zutaten

100 g Kokosöl

75 g zimmerwarme Pflanzenmargarine

1 Knoblauchzehe

1 EL rosa Pfefferkörner

1 TL Salz

1 TL gehackter Thymian

1 TL gehacktes Liebstöckel

1 TL gehackte Petersilie

1 TL gehackter Rosmarin

1 EL Kurkuma, in Pulverform

Zubereitung

1. Kokosöl und Margarine am Abend vorher in den Kühlschrank stellen.

2. Beides 30 Minuten vor der Arbeit aus dem Kühlschrank nehmen.

3. In eine Schüssel geben, mit dem Schneebesen des Handrührgerätes glatt rühren.

4. Alle anderen Zutaten zufügen, verrühren, das Ganze zu einer glatten Masse verarbeiten.

5. Frischhaltefolie auf die Arbeitsfläche ausbreiten, die Masse darauf verteilen, mit der Folie eine Rolle formen, die Enden verschließen, in den Gefrierschrank oder dem Gefrierfach vom Kühlschrank legen, mindestens 4 Stunden ruhen lassen.

## veganer Parmesan

Portionen: 3

Zutaten

1 EL Edelhefeflocken

1 EL Haferflocken

1 EL Pinienkerne

½ TL Salz

Zubereitung

1. In einen Mixer alle Zutaten füllen, so lange mixen, bis eine sehr feine Konsistenz erreicht ist.

2. Den Parmesan in ein Schälchen füllen und servieren.

## Brotaufstrich mit Minze

Portionen: 1

Zutaten

150 g TK-Erbsen

1 Schalotte

½ Vollkornbaguette

Kristallsalz

schwarzer Pfeffer

1 EL Zitronensaft

2 EL Olivenöl

½ Bund Minze

<u>Zubereitung</u>

6. Baguette in Scheiben schneiden, wer möchte, kann die Scheiben toasten.

7. Erbsen auftauen lassen, Schalotte abziehen, grob würfeln. Minze abbrausen, trocken schütteln.

8. Erbsen, Schalotte, Zitronensaft, Öl und Minze in einen Mixer geben, zu Püree verarbeiten.

9. Abschmecken mit Salz, Pfeffer.

### Brotaufstrich mit Tomaten

Portionen: 1

<u>Zutaten</u>

5 Cherrytomaten

½ Avocado

½ Vollkornbaguette

Kristallsalz

schwarzer Pfeffer

1 EL Limettensaft

2 Stiele Koriander

<u>Zubereitung</u>

1. Baguette in Scheiben schneiden, wer möchte, kann die Scheiben toasten.

2. Tomaten waschen, würfeln. Avocado halbieren, entsteinen, Fruchtfleisch herauslösen. Koriander abbrausen, Blättchen abzupfen.

3. Tomaten, Avocado, Limettensaft, Koriander in einen Mixer geben, zu Püree verarbeiten.

4. Abschmecken mit Salz, Pfeffer.

### Brotaufstrich mit Minze

Portionen: 1

<u>Zutaten</u>

120 g Artischockenherzen (Glas)

40 g getrocknete Tomaten

½ Vollkornbaguette

30 g Pinienkerne

schwarzer Pfeffer

1 EL Zitronensaft

## Zubereitung

1. Baguette in Scheiben schneiden, wer möchte, kann die Scheiben toasten.

2. Artischockenherzen aus dem Glas in ein Sieb geben, abtropfen lassen. Eine beschichtete Pfanne erhitzen, Pinienkerne zufügen, rösten.

3. Artischockenherzen, Pinienkerne, Tomaten und Zitronensaft in einen Mixer geben, zu Püree verarbeiten.

4. Abschmecken mit Pfeffer.

# Zusammenfassung

Es gibt viele Ernährungsformen und täglich kommen neue hinzu. Einen Durchblick dabei zu bekommen, ist wahrlich schwer. Einige Ernährungsformen haben sich allerdings etabliert und zeigen auch gute Ergebnisse in Bezug auf Körpergewicht und Gesundheit.

Eine dieser, fast schon zum Alltag gehörenden Ernährungsformen ist die Low-Carb-Form, die sich zwischenzeitlich bewährt hat, auch wenn es auch hier immer wieder Kritiker gibt. Low Carb ist eine Ernährung, die auf Eiweiß und gesunden Fetten basiert und nur wenige Kohlenhydrate beinhaltet. Durch die geringe Zufuhr an Kohlenhydraten ist der Körper gezwungen, seine Energie aus den Fettreserven zu holen, allerdings in einer gesunden Menge, die im Körper keine Giftstoffe freisetzt.

Auch die vegane Ernährungsform wird von vielen Menschen praktiziert. Vegan bedeutet, es kommen nur pflanzliche Lebensmittel auf den Tisch. Dadurch sind Veganer gezwungen, sich die Mineralstoffe, Proteine und andere für den Körper wichtige Elemente aus der pflanzlichen Nahrung zu holen, und dem Körper zuzuführen. Dies ist nicht immer einfach, doch es ist im Bereich des Machbaren.

Wir haben uns über Low Carb, der vegetarischen und veganen Ernährungsform informiert, und an Sie zu Beginn dieses kleinen Buches unsere Informationen weitergegeben. Unser Buch beschäftigt sich hauptsächlich mit der Verbindung von zwei Ernährungsformen: von Low Carb und vegan. Beide Formen miteinander effektiv zu verbinden, ist nicht schwer. Ganz im Gegenteil! Auch Low Carb setzt auf Gemüse, gesunde Fette und Proteine, wobei bei Low Carb auch Fleisch, Fisch und Fleischprodukte wie Wurst auf dem Speiseplan stehen. Bei Low Carb gilt es, diese Lebensmittel durch pflanzliche Produkte zu ersetzen.

Low Carb Vegan

Für uns war das Thema Kohlenhydrate und die Einteilung in gute und schlechte Kohlenhydrate von Bedeutung. In unserem Kapitel „1. Was ist Low Carb?" befassten wir uns mit dieser Thematik und haben die Ergebnisse unserer Recherche für Sie kurz zusammengefasst. Das nächste Kapitel zeigte Ihnen, welche drei Bereiche bei Low Carb vorhanden sind. Diese Bereiche unterscheiden sich ausschließlich in der Menge der Kohlenhydrate, die dem Körper täglich zugeführt werden.

Vegetarisch und vegan wird gerne „in einen Topf" geworfen. Dies ist falsch, denn es handelt sich um zwei verschiedene Ernährungsformen. Damit befassten wir uns in unserem dritten Kapitel, insbesondere mit den Unterschieden der vegetarischen Ernährungsweise, die doch teilweise gravierend sind. Auch bei den Veganern gibt es eine Einteilung, die wir uns ebenfalls vorgenommen und beschrieben haben.

Des Weiteren prüften wir, ob sich Low Carb mit vegan verbinden lässt. Wir kamen zu dem Ergebnis, dass dies sehr wohl funktioniert, wenn einige Regeln beachtet werden. Fünf der Regeln, die aus unserer Sicht wichtig sind, haben wir kurz zusammengefasst.

Die vegane Ernährungsform hat uns besonders interessiert, insbesondere deshalb, weil diese Ernährungsform große Mengen an Kohlenhydraten beinhaltet. Dies steht im krassen Gegensatz zu Low Carb, wo die tägliche Menge an Kohlenhydraten 130 Gramm nicht überschreiten soll.

Für Veganer ist es deshalb wichtig, dass, wenn sie Low Carb mit vegan verbinden, täglich nur ein Lebensmittel mit vielen Kohlenhydraten auf den Tisch kommt. Denken Sie bitte daran, dass bei Low Carb in vielen Gerichten Hülsenfrüchte vorhanden sind, die nicht gerade wenig Kohlenhydrate beinhalten. Deshalb ist es sinnvoll, wenn Sie kohlenhydrathaltige Lebensmittel nicht gemeinsam mit Hülsenfrüchten servieren; die Höchstmenge an Kohlenhydraten wird sonst schnell überschritten.

Ein weiteres Kapital befasst sich mit der Gesundheit, insbesondere damit, ob eine vegane Ernährung der Gesundheit des Menschen Schaden zufügen kann. Wir kamen nach unseren Recherchen zu dem Schluss, dass dies nicht der Fall ist; ganz im Gegenteil! Die vegane Ernährungsform gehört zu den gesündesten Ernährungsformen überhaupt. Wir haben in diesem Kapitel angeregt, dass Veganer, eigentlich jeder, der einen Garten oder Balkon hat, dort seine Kräuter zieht. Einige werden jetzt sagen: „Geht nicht, wir haben ein Glasdach über unserem Balkon, die Hitze bleibt stehen und unsere Pflanzen verbrennen." Falsch, auch ich habe ein Glasdach über meinem Balkon; Basilikum, Oregano, Thymian und andere mediterrane Kräuter gedeihen hervorragend auf dem Balkon. Auch mein Orangenbäumchen trägt bereits Früchte; das Zitronenbäumchen zieht nach und das gilt auch für die Chilibüsche.

Denken Sie daran, dass Sie bei den Kräutern, die auf Ihrem Balkon oder in Ihrem Garten wachsen, genau wissen, womit Sie düngen. Wenn Sie nur mit umweltfreundlichen Produkten düngen, haben Sie Biokräuter zum Nulltarif. Außerdem können Sie für jedes Gericht die entsprechenden Kräuter kurz vom Balkon oder aus dem Garten holen; diese Kräuter sind immer frisch und liegen nicht einige Tage im Regal.

Des Weiteren haben wir uns damit beschäftigt, ob bei einer veganen Ernährung auch alle wichtigen und für den menschlichen Körper notwendigen Nähr- und Aufbaustoffe diesem auch zugeführt werden können. Wir denken da an Vitamine wie an die Vitamine der B-Gruppe, Vitamin C, D und K, aber auch an Mineralstoffe und Spurenelemente, wie Eisen, Kalzium, Zink, Jod und L-Carnitin.

Gut, L-Carnitin kann der menschliche Körper selbst herstellen, allerdings braucht er dazu einige Baustoffe wie bestimmte Aminosäuren, Vitamin C, Eisen und Folsäure. Diese Elemente müssen dem Körper durch die Nahrung zugeführt werden.

Wir haben uns Gedanken gemacht, wo beispielsweise Vitamin B12 enthalten ist. Wir wissen, dass Milch, Käse, Fleisch und Eier dieses

Vitamin enthalten. Diese Lebensmittel sind tierischer Natur, und daher nicht auf dem veganen Speiseplan zu finden. Allerdings gibt es auch pflanzliche Produkte, die Vitamin B12 enthalten, wie Algen, Möhren, Sanddorn und Sojaprodukte.

Als Nächstes nahmen wir uns die Omega-3-Fettsäuren vor. Diese langkettigen Fettsäuren kommen hauptsächlich in Fisch und Eier vor; wieder Lebensmittel, die nicht zur veganen Ernährung passen. Doch auch hier gibt es kein Problem, denn in den Ölen und Samen wie beispielsweise in Chiasamen und Leinöl sind auch Fettsäuren enthalten, allerdings keine Langkettigen. Doch der menschliche Körper kann auch aus diesen Fetten Fettsäuren herstellen, die ähnlich der Omega-3-Fettsäuren sind.

Eisen ist ein Spurenelement, das für den Körper große Bedeutung hat. In tierischen Lebensmitteln ist Eisen enthalten, doch auch in vielen pflanzlichen Nahrungsmitteln. Samen, Kerne, Nüsse, Trockenfrüchte und Kräuter sowie Hülsenfrüchte, verschiedene Gemüsesorten und Getreide sind ausgezeichnete Eisenlieferanten.

Ein weiteres Spurenelement ist Zink, das für den Körper ebenfalls wichtig ist. Auch hier hat Mutter Natur vorgesorgt; Ölsaaten, Hülsenfrüchte über Nacht in Wasser eingeweicht, bis diese keimen, sind ausgezeichnete Lieferanten von Zink.

Jod ist ebenfalls ein Spurenelement, das von großer Bedeutung für den menschlichen Körper ist. Neben Fischen und Meeresfrüchten ist Jod auch in Algen enthalten. Doch so weit muss man nicht gehen, denn in Endiviensalat, Pilzen, Hülsenfrüchten, Saaten und Kohlsorten sowie Nüssen ist Jod ebenfalls enthalten.

Auch den Bedarf an Kalzium kann man mit der veganen Ernährungsform decken. Sauerampfer, Spinat, Kohl und Mangold sowie Süßkartoffeln und Tofu enthalten ansprechende Mengen an Jod.

Eiweiß muss nicht zwangsläufig mit tierischen Lebensmitteln dem Körper zugeführt werden. Potenzielle Lieferanten für Eiweiß sind Hülsenfrüchte, Ölsaaten, Getreide, Nüsse und Pseudogetreide.

Vitamin D bekommt man in der Regel kostenlos durch das Sonnenlicht. Doch auch in Pilzen, die in der Sonne trocknen, ist Vitamin D in ansprechender Dosis enthalten.

Alles in allem kann man feststellen, dass Veganer ihren Körper allein durch pflanzliche Kost hervorragend mit allen Vitaminen, Mineralstoffen und Spurenelementen versorgen, die der Körper braucht.

Doch eines noch zum Schluss: Weizen sollte auf keinem Speiseplan stehen, denn dieses Getreide fördert das Übergewicht. Wenn Veganer die tierischen Nahrungsmittel durch Getreideprodukte ersetzen, spielen sie mit ihrer Gesundheit. Besser ist es, die Low-Carb-Küche auf veganer Art zu genießen.

Damit es auch für Neulinge klappt, haben wir eine Reihe Rezepte aus der Low-Carb-Küche in vegane Form gebracht. Alle Rezepte sind leicht zu kochen; auch Küchenneulinge haben damit keine Probleme.

Wir wünschen Ihnen viel Spaß beim Lesen unseres Büchleins und Freude am Kochen und Genießen.

# Impressum

Low Carb Pros wird vertreten durch:

Instyle Supply and Control Limited

20th Floor, Central Tower, 28

Queen's Road, Central, HK

Coverbilder

[creativelog] | [Fiverr]

## Haftung für externe Links

Das Buch enthält Links zu externen Webseiten Dritter, auf deren Inhalt der Autor keinen Einfluss hat. Deshalb kann für die Inhalte externer Inhalte keine Gewähr übernommen werden. Für die Inhalte der verlinkten Webseiten ist der jeweilige Anbieter oder Betreiber der Webseite verantwortlich. Die verlinkten Seiten wurden zum Zeitpunkt der Verlinkung auf mögliche Rechtsverstöße überprüft. Rechtswidrige Inhalte waren zum Zeitpunkt der Verlinkung nicht erkennbar. Eine permanente inhaltliche Kontrolle der verlinkten Webseiten ist jedoch ohne konkrete Anhaltspunkte einer Rechtsverletzung nicht zumutbar. Bei Bekanntwerden von Rechtsverletzungen werden derartige Links umgehend entfernt.

www.ingramcontent.com/pod-product-compliance
Lightning Source LLC
Chambersburg PA
CBHW071316220526
45468CB00001B/389